画说 家装电工技能

彩图版

HUASHUO JIAZHUANG DIANGONG JINENG

乔长君　等编著

化学工业出版社

·北京·

图书在版编目（CIP）数据

画说家装电工技能：彩图版/乔长君等编著．北京：化学工业出版社，2016.6

ISBN 978-7-122-26844-0

Ⅰ.①画… Ⅱ.①乔… Ⅲ.①住宅-室内装修-电工-图解 Ⅳ.①TU85-64

中国版本图书馆CIP数据核字（2016）第082351号

责任编辑：高墨荣　　装帧设计：刘丽华
责任校对：王　静

出版发行：化学工业出版社（北京市东城区青年湖南街13号　邮政编码100011）
印　　装：北京画中画印刷有限公司
850mm×1168mm　1/32　印张 6¼　字数 162 千字
2016年8月北京第1版第1次印刷

购书咨询：010-64518888（传真：010-64519686）
售后服务：010-64518899
网　　址：http://www.cip.com.cn
凡购买本书，如有缺损质量问题，本社销售中心负责调换。

定　　价：36.00 元

随着国民经济的飞速发展，家装行业越来越受到人们的青睐。越来越多的人想学习家装电工技术，越来越多的进城务工人员有意从事家装电工工作，他们都希望能够尽快地掌握家装电工基本操作技能。为了帮助初学者较快地学习家装电工技术，掌握家装电工基本技能，能够胜任一般场合的家装电工工作，我们根据家装电工初学者的特点和要求，结合长期家装电工一线的实践经验，编写了本书。

本书用大量彩色实景图片，用连环画的形式把常用知识与技能、配电线路的安装、室内配线、照明与家用电器安装、电气安全共5个方面的内容清晰表现出来；用最简练的语言，把操作要点和注意事项精确表示出来。完整展现了家装电工必备基本技能。本书内容起点低，注重实用，便于读者自学。

本书在编写模式上进行了较大的改革与尝试，具有以下特点。

1.形式新。采用大量操作实例实景图片（一面四格），步步图解，讲解简明清晰，读者可以边看边学边操作。

2.实用。内容选取上以实用、够用为原则，每章内容相对独立，便于读者有选择性地进行学习与实践。

3.可读性强。本书言简意赅，图（表）文并茂，读者能够在短时间内快速掌握家装电工技能。

本书本着少而精的编写原则，突出技术实用性和通用性，在众多家装电工技术书籍中独具特色。

本书适合于家装电工初学者阅读，也可作为高职院校及中职学校电类专业的学生的参考书，还可作为家装电工上岗培训教材。

本书由乔长君等编著，参加本书编写工作的还有李新宇、王书宇、刘德忠、赵亮、王岩、葛巨新、张城、郭建、朱家敏、于蕾、杨春林、乔正阳、罗利伟等。

由于水平有限，不足之处在所难免，敬请读者批评指正。

编著者

目录
contents

第 1 章

常用知识与技能

1.1 电工学基本知识

1.1.1 电与磁

（1）电流的磁场

1）安培定则

用右手握住通电导体，让拇指指向电流方向，则弯曲四指的指向就是直导线周围的磁场方向。

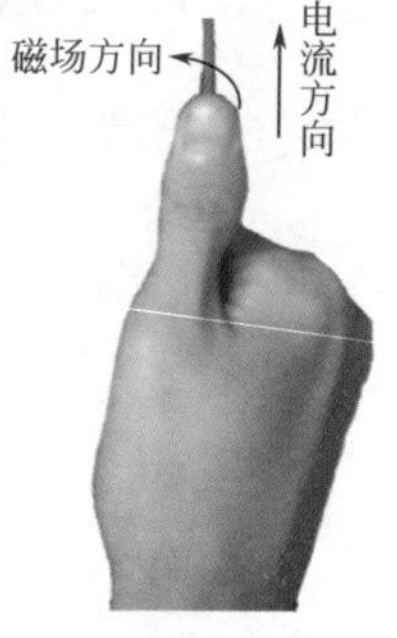

安培定则

2）右手螺旋定则

用右手握住通电线圈，让弯曲四指指向线圈电流方向，则拇指所指方向就是线圈内部的磁场方向。

提示：如果导线中流入的是直流电，那么导线周围的磁场方向是固定不变的，如果导线中流入的是交流电，则磁场大小和方向将随电流方向的变化而变化。

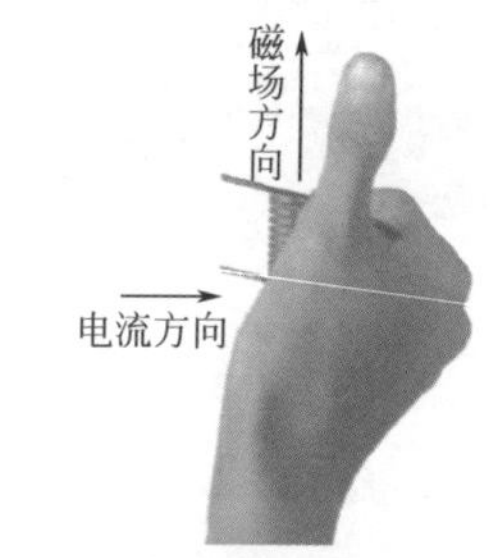

右手螺旋定则

1 2
3 4

（2）电磁感应（右手定则）

伸开右手，让拇指与其余四指垂直并在一个平面内，使磁力线穿过掌心，拇指指向切割磁力线的运动方向，四指的指向就是感应电动势的方向。

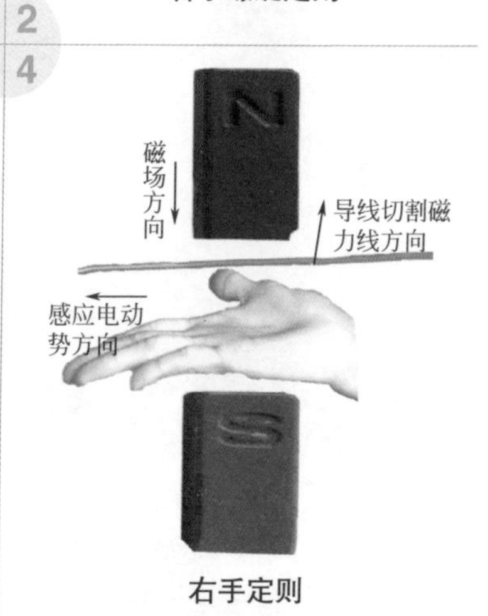

右手定则

（3）磁场对电流的作用（左手定则）

伸开左手，让拇指与其余四指垂直并在同一平面内，让磁力线穿过手心，四指指向电流方向，拇指所指方向就是通电导体所受到的电磁力的方向。

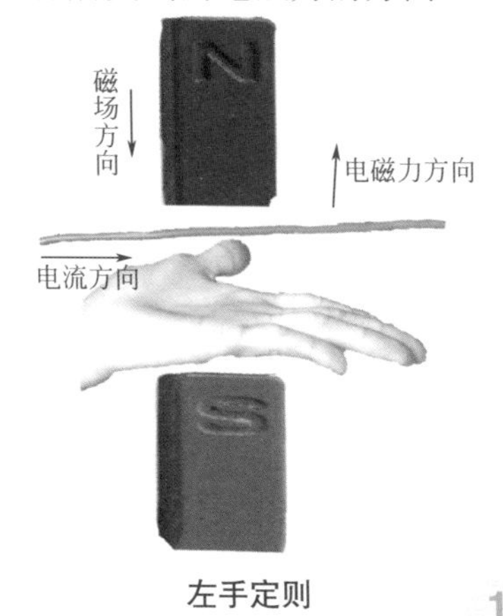

左手定则

1.1.2 直流电路

（1）电路

1）电路组成

电流通过的路径，称为电路。一个完整的电路由电源、负载、输电导线和控制设备组成。对电源来讲，负载、输电导线和控制设备等称为外电路。电源内部的一段称为内电路。

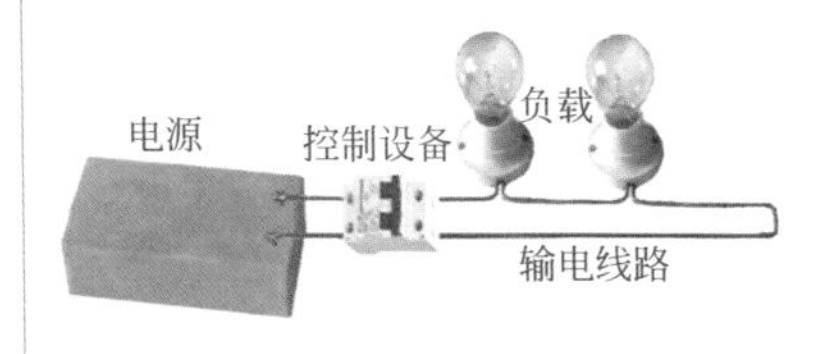

电路组成

2）电路的工作状态

① 通路是指电流能够正常通过，用电器处于正常工作状态。

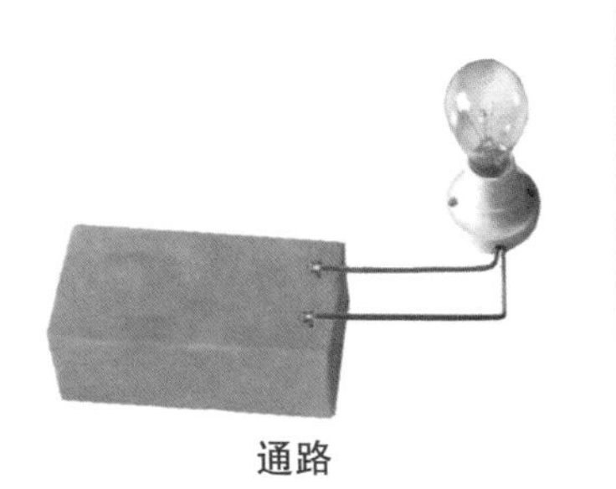

通路

② 短路是指电流不经过用电器而直接回到负极的状态。

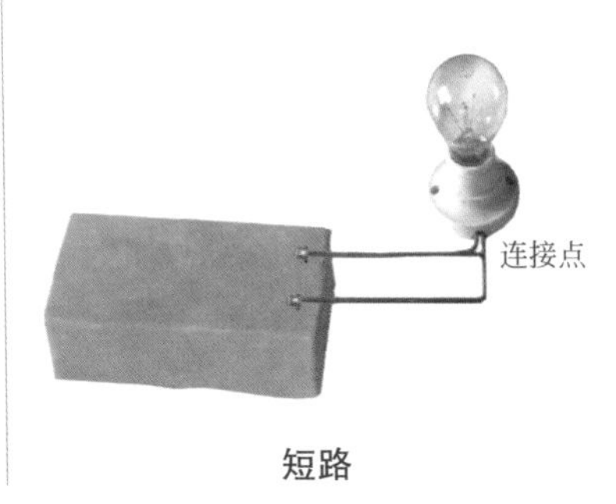

短路

③ 断（开）路是指电流不能经过用电器，不能形成电流回路的状态。

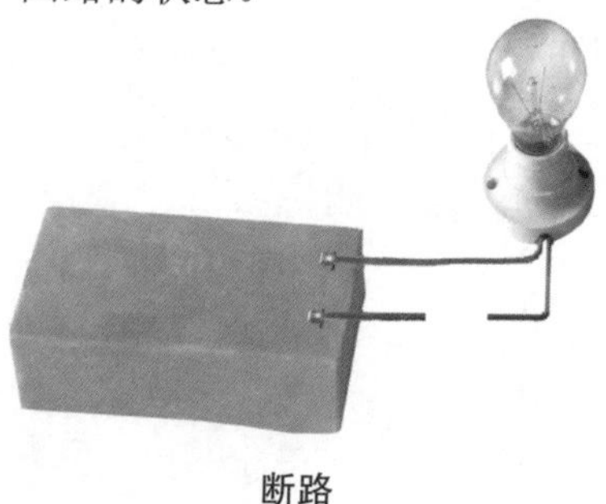

断路

值。当电流的实际方向与其正方向相反时，则电流为负值。

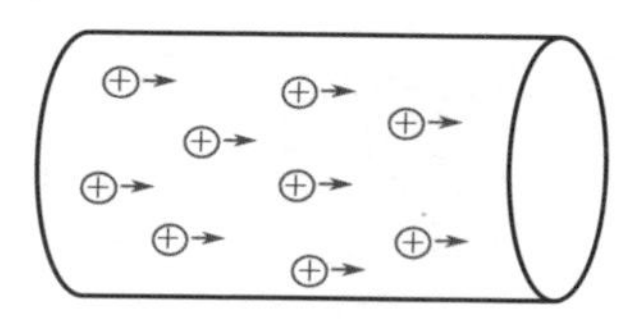

电流的方向

(2) 正方向

习惯上规定正电荷运动的方向（即负电荷运动的反向）为电流的方向。但在分析较为复杂的电路时往往难于事先判断某支路中电流的实际方向，为此，常可任意假定一个方向作为电流的正方向，或者称为参考方向。当电流的实际方向与其正方向一致时，则电流为正

(3) 电阻及其连接

1）电阻的概念

导体能导电，同时对电流有阻力作用，这种阻碍电流通过的能力称为电阻，当温度一定时导体的电阻不仅与它的长度L和横截面积S有关，而且与导体材料自身的电阻率ρ有关，其大小为$R=\rho\frac{L}{S}$。

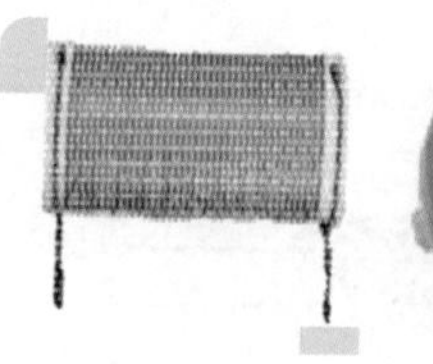

固定电阻

可变电阻

2）电阻串联

将两个以上的电阻元件顺序地连接在一起，构成一条无分支的电路，称为串联电阻电路。

串联电阻电路中的等效电阻等于各个串联电阻之和。

串联电阻电路中流过每个电阻的电流都是相等的，并且等于总电流。

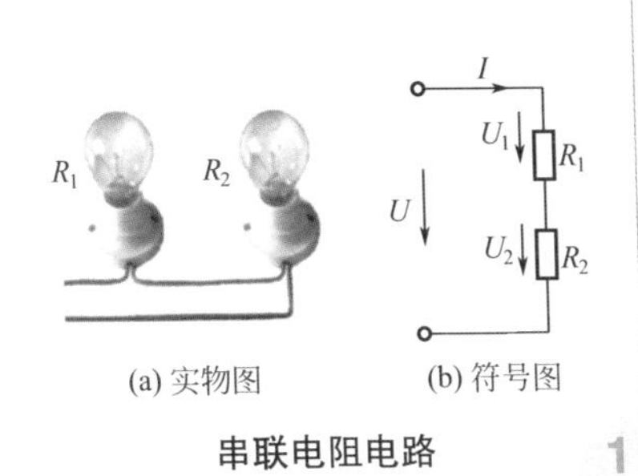

(a) 实物图 (b) 符号图

串联电阻电路

3）电阻并联

将两个以上的电阻元件都连接在两个共同端点之间，构成一条多分支的电路，称为并联电阻电路。

并联电阻电路中各个电阻两端的电压都是相等的，并且等于总电压。

并联电阻电路中的等效电阻的倒数等于各个并联电阻的倒数之和。

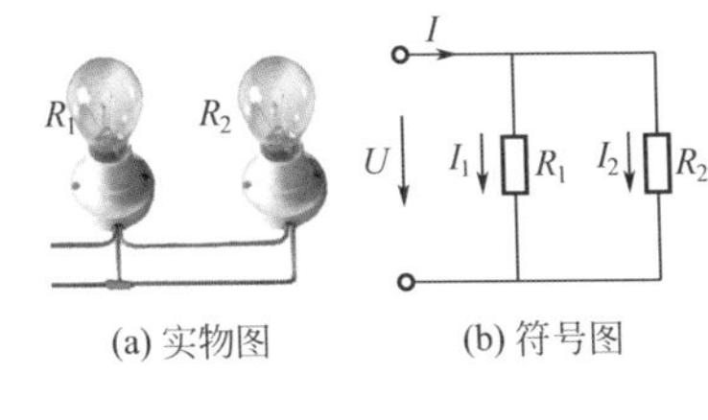

(a) 实物图 (b) 符号图

并联电阻电路

（4）欧姆定律

在一段电路中，流过该段的电流与电路两端的电压成正比，与该段电路的电阻成反比。表示为：$I=\dfrac{E}{R}$。

欧姆定律是不含电源的电路情况，在实际工作中电源 E 的内电阻 r_0 有时不可忽略的，这时欧姆定律可以写为：$I=\dfrac{E}{R+r_0}$。

我们把这个公式称为全电路欧姆定律。

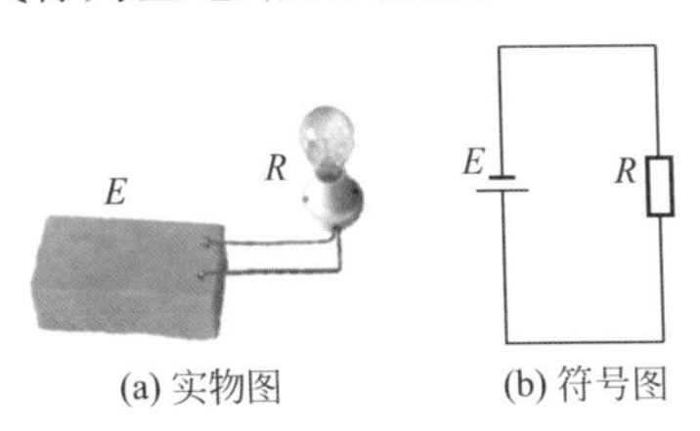

(a) 实物图 (b) 符号图

欧姆定律

1.1.3 单相交流电

(1) 交流电

交流电的大小和方向都是随时间变化的，把按正弦规律变化的交流电称为正弦交流电。

频率为基波频率倍数的一种正弦波叫谐波。非正弦波可以看作是一系列谐波之和。

单相交流线路

(2) 电感

当电感线圈两端加上交流电压时，线圈中产生自感电动势将阻碍电流的变化，电感阻碍交流电流通过的这种作用称为感抗。

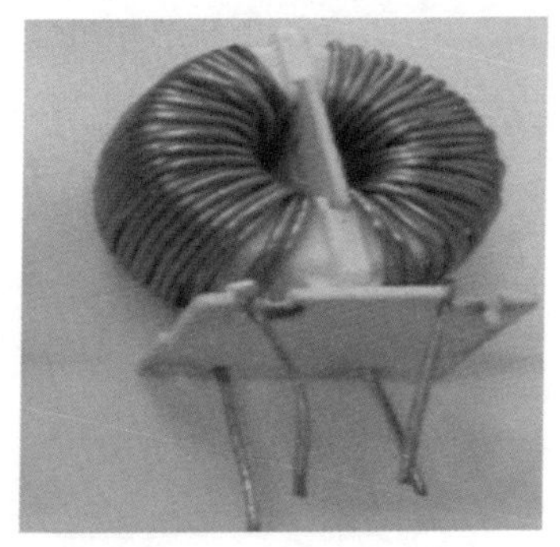

电感

(3) 电容器

电容器能存储电荷。电容阻碍交流电流通过的作用称为容抗。

电容器的外形

1.2 常用工具的使用

1.2.1 通用工具的使用

(1) 低压验电器的使用

1）低压验电器的外形

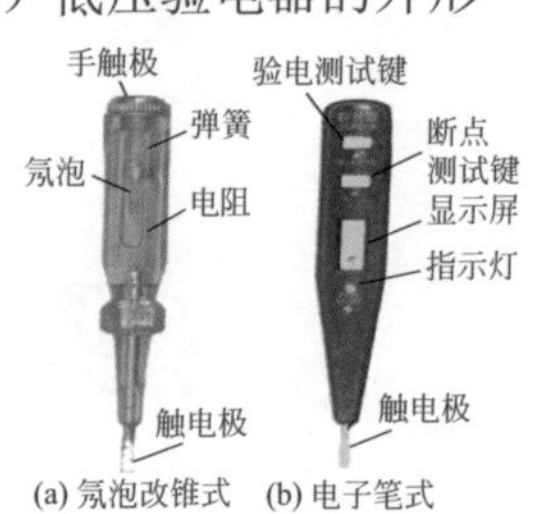

常用验电器外形

2）氖泡改锥式验电器的使用方法

氖泡改锥式验电器的使用方法：中指和食指夹住验电器，大拇指压住手触极，触电极接触被测点，氖泡发光说明有电、不发光说明没电。

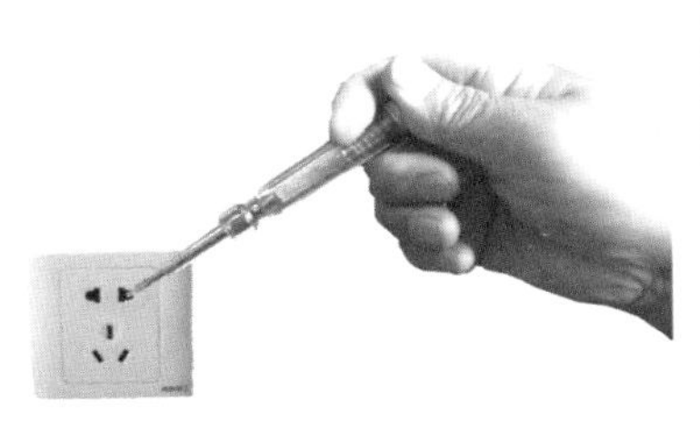

氖泡改锥式验电器的使用

3）感应（电子）笔式验电器的使用方法

中指和食指夹住验电器，大拇指压住验电测试键，触电极接触被测点，指示灯发光并有显示说明有电、指示灯不发光说明没电。

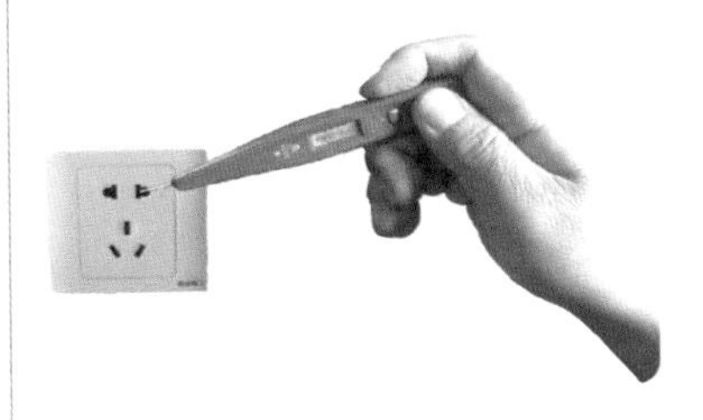

电子笔式验电器的使用

4）使用注意事项

使用时应注意手指不要靠近笔的触电极，以免通过触电极与带电体接触造成触电。

手指不能靠近触电极

（2）螺钉旋具的使用

1）螺钉旋具的外形

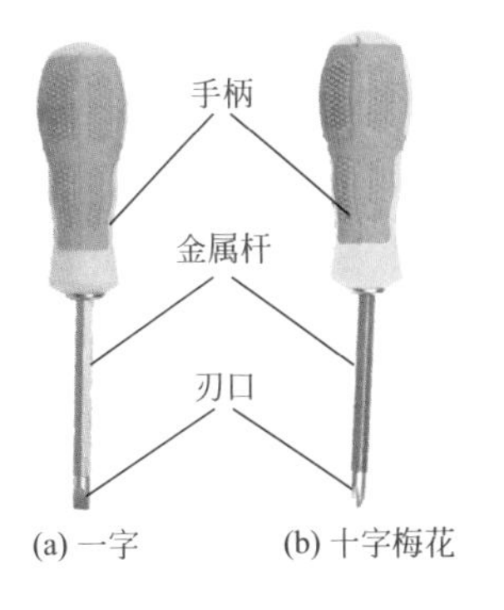

常用螺丝刀外形

2）螺丝刀的使用方法

四指捏住螺丝刀手柄，刃口顶住螺丝钉钉头，用力旋动螺丝钉，就可拧紧或松开螺丝钉。

螺丝刀使用方法

（3）电工刀的使用

1）电工刀外形

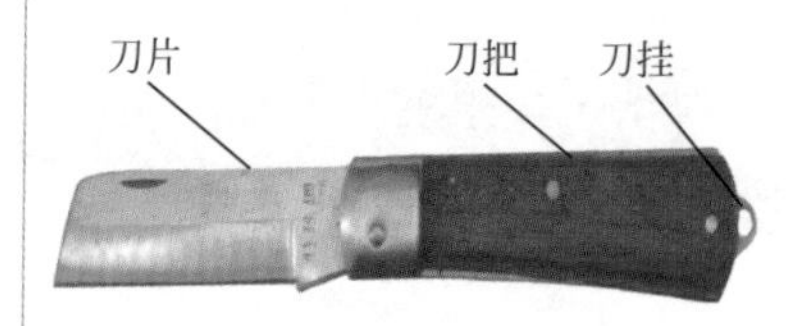

常用电工刀外形

2）剥削绝缘层的使用方法

将电工刀以近于90°切入绝缘层，轻轻往复拉动即可剥去绝缘层翻。

使用注意事项：

① 使用电工刀时应注意避免伤手，不得传递未折进刀柄的电工刀。

② 电工刀刀柄无绝缘保护，不能带电作业，以免触电。

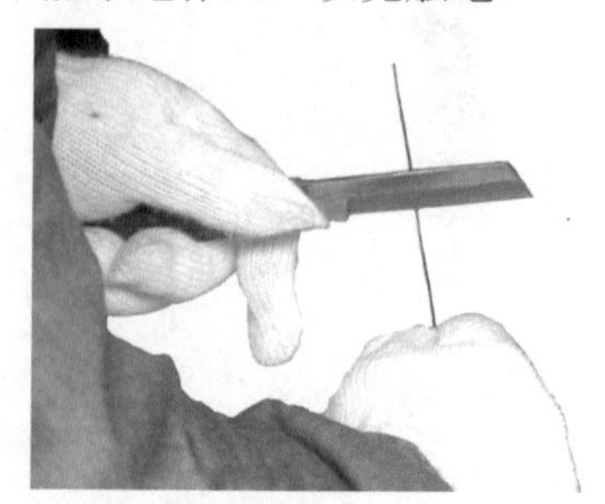

电工刀的使用

（4）钳子的使用

1）钳子的外形

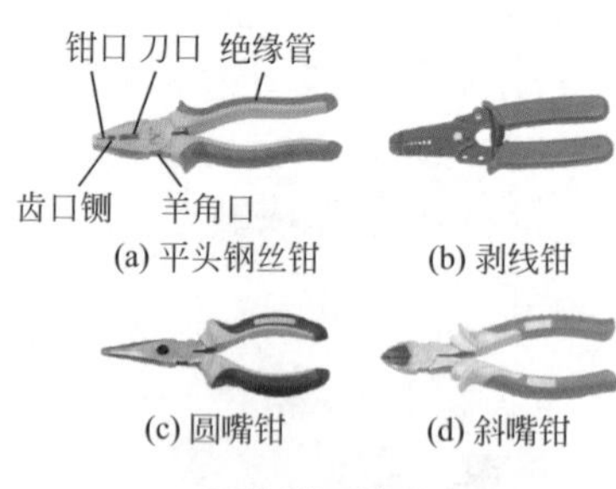

几种钳子外形

2）圆嘴钳的使用（制作导线压接圈）

① 把在离绝缘层根部1/3处向左外折角（多股导线应将离绝缘层根部约1/2长的芯线重新绞紧，越紧越好）。

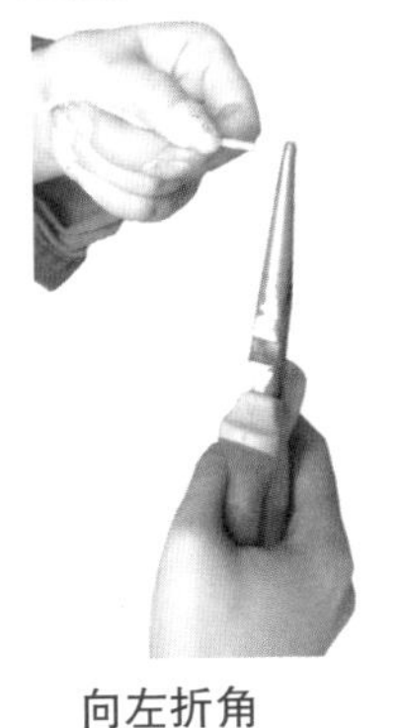

向左折角

② 当圆弧弯曲得将成圆圈（剩下1/4）时，将余下的芯线向右外折角，然后使其成圆。

弯曲成圆

1 2
3 4

③ 捏平余下线端，使两端芯线平行。

捏平

3）剥线钳使用（剥削绝缘层）

① 打开销子，将导线放入刀口，压下钳柄使钳子在导线上转一圈。

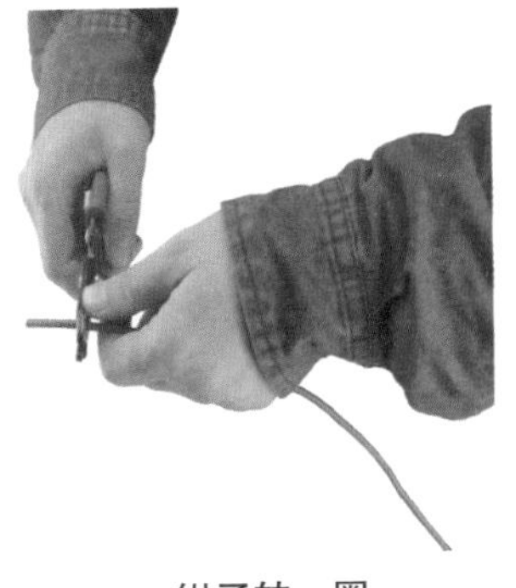

钳子转一圈

②左手大拇指向外推钳头，右手压住钳柄并向外拨，绝缘层就随剥线钳一起脱离导线。

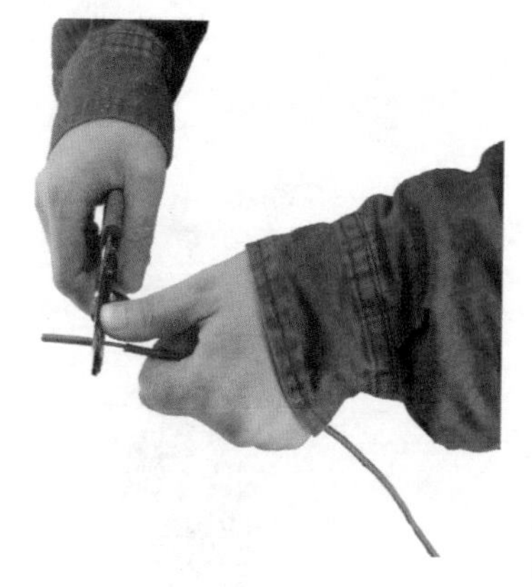

向外推

(5) 扳手的使用

1）扳手的外形

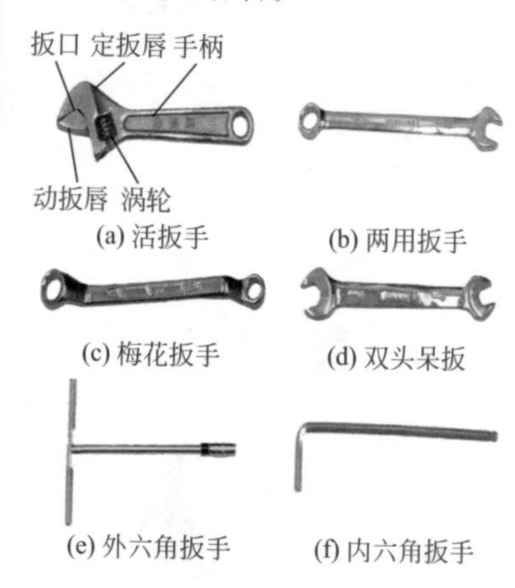

常用电工扳手外形

2）活扳手的使用（拆除螺栓）

① 将扳手打开，插入被扭螺栓，扭动涡轮靠紧螺栓。

插入螺栓

② 按住涡轮，顺时针扳动手柄，螺栓就被拧紧。

按住涡轮扳动

(6)电烙铁的使用

1）电烙铁外形

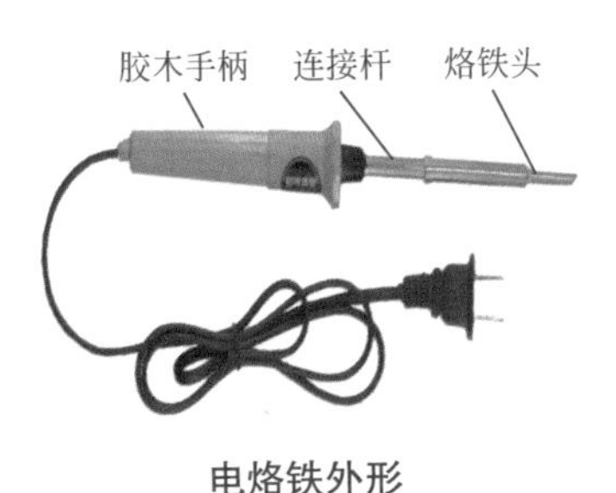

电烙铁外形

2）电烙铁的使用（导线焊接）

① 涂上焊剂。

涂焊剂

1 2
3 4

② 用电烙铁头给镀锡部位加热。

加热

③ 待焊剂熔化后，将焊锡丝放在电烙铁头上与导线一起加热，待焊锡丝熔化后再慢慢送入焊锡丝，直到焊锡灌满导线为止。

送入焊锡丝

（7）电工手锤的使用

1）手锤外形

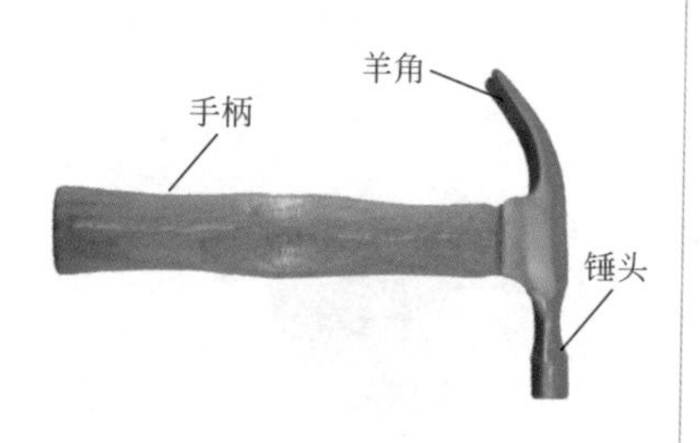

手锤外形

2）使用手锤安装木榫的方法

将木方削成大小合适的八边形，先将木榫小头塞入孔洞，用锤子敲打木榫大头，直至与孔洞齐平为止。

手锤使用

（8）工具夹的使用

1）工具夹外形

工具夹用来插装螺丝刀、电工刀、验电器、钢丝钳和活络扳手等电工常用工具，分有插装三件、五件工具等各种规格，是电工操作的必备用品。

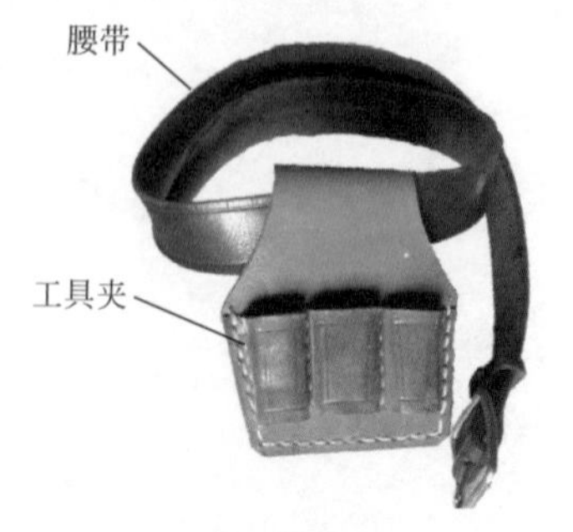

电工工具夹

2）工具夹的使用

① 将需要工具逐一插入套中。

② 将工具夹系于腰间并扣好锁扣。

（9）喷灯的使用

1）喷灯外形

喷灯是火焰钎焊的热源，用来焊接较大铜线鼻子大截面铜导线连接处的加固焊锡，以及其他电连接表面的防氧化镀锡等。按使用燃料的不同，喷灯分为煤油喷灯和汽油喷灯两种。

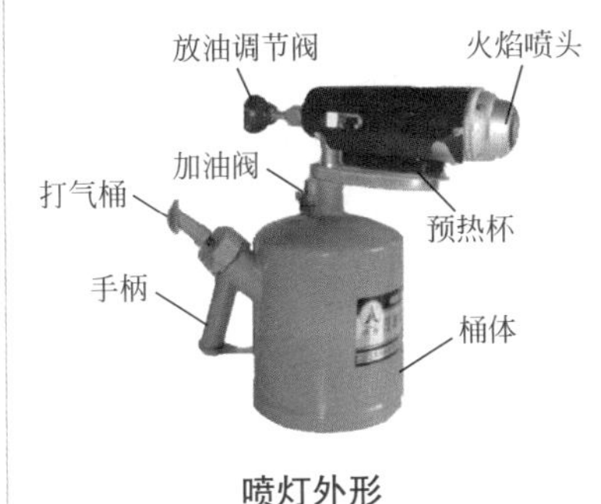

喷灯外形

2）喷灯的使用

① 先关闭放油调节阀。

关闭放油阀

② 给打气筒打气。

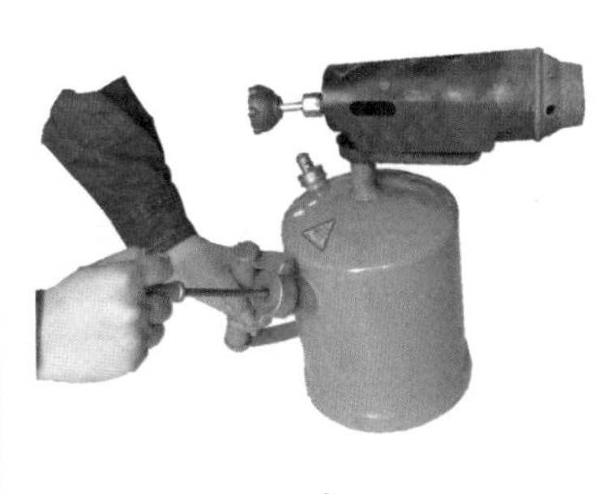

打气

③ 打开放油阀用手挡住火焰喷头，若有气体喷出，说明喷灯正常。

挡住火焰喷头

④ 关闭放油调节阀，拧开打气筒。

拧开打气筒

1 2
3 4

⑤ 给筒体加入汽油。

筒体加油

⑥ 给预热杯加入少量汽油。

预热杯加油

⑦ 拧紧打气筒盖，然后给筒体打气加压至一定压力。

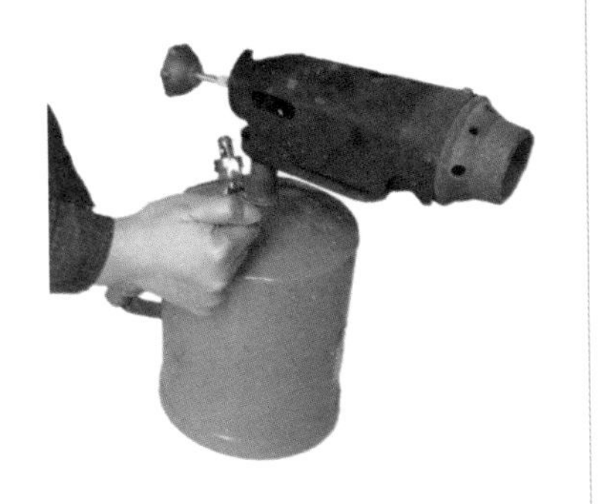

打气

⑧ 点燃预热杯中的汽油预热。

点燃预热杯

⑨ 在火焰喷头达到预热温度后，旋动放油调节阀喷油，根据所需火焰大小调节放油调节阀到适当程度，就可以焊接了。

使用时注意打气压力不得过高，防止火焰烧伤人员和工件，周围的易燃物要清理干净，在有易燃易爆物品的周围不准使用喷灯。

调节放油阀

（10）安全带的使用

1）安全带外形

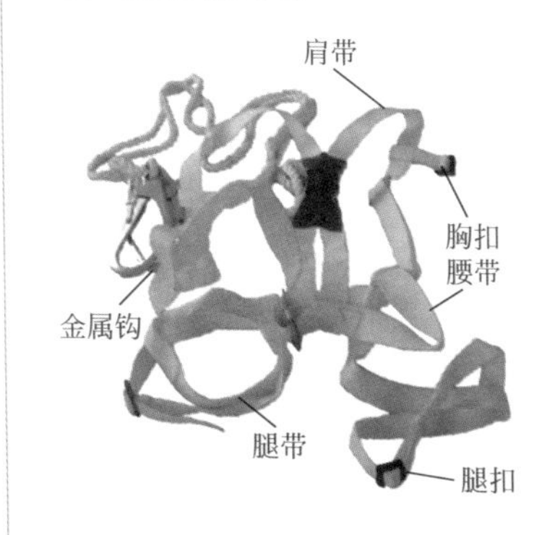

电工安全带外形

2）安全带的使用

① 首先系好左右腿带和腿扣。

穿腿带

② 两手分别穿过肩带，并调整腿带、肩带至合适，扣好胸部纽扣。最后系好腰带。

系腰带

③ 腰绳必须绕过电杆，挂在圆环上。为了保证安全蹬杆前就应挂好。

斜挂

④ 保险绳可以绕过电杆挂在横担上侧，也可以绕过电杆斜挂在横担上，即所谓高挂低用。

正挂

（11）高压验电器的使用

1）高压验电器外形

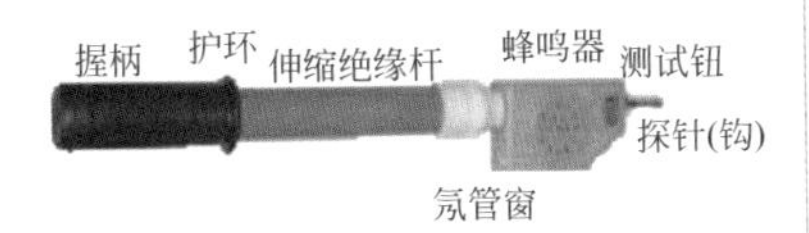

10kV高压验电器外形

2）高压验电器的使用

① 按下测试按钮，验电器应发出清晰的声光（语音）报警信号。若自检无声光指示信号时不得进行验电操作。

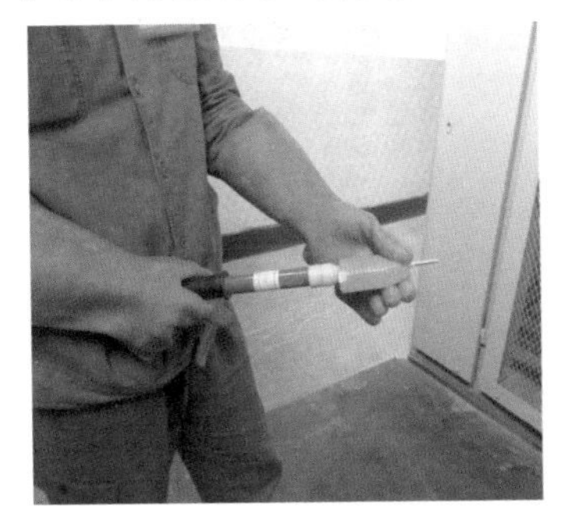

自检

② 拉出绝缘杆。

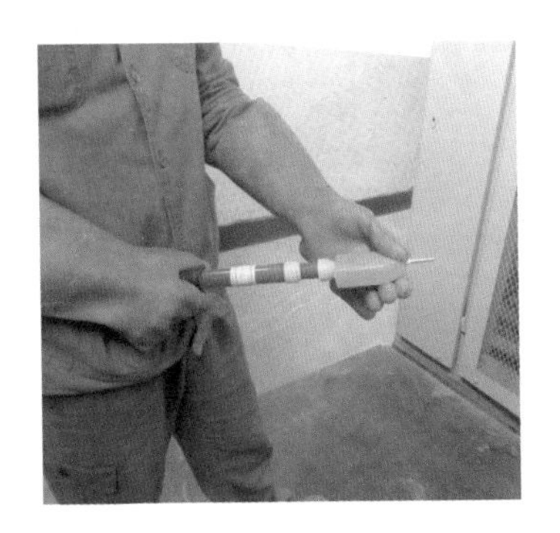

拉出绝缘杆

③ 手握握柄，将探针对准被测部位，逐渐靠近带电部分，此时氖管窗如发出闪光并伴有“有电危险”的语音，说明被测部位有电，否则被测部位没电。

测试

④ 验电完备后，应立即进行接地操作，验电后回故中断未及时进行接地，若需要继续操作必须重新验电。

装设接地线

1.2.2 安装工具的使用

（1）台虎钳的使用

1）台虎钳外形

台虎钳又称虎钳或台钳，是常用的夹持工具，用于配合锯割、锉削等工作。

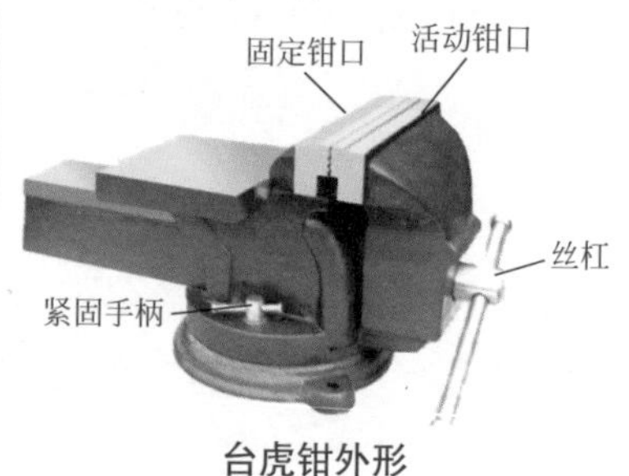

台虎钳外形

2）台虎钳的使用

① 工件夹紧

转动丝杠打开钳口，将工件按需要放好，再转动丝杠将工件夹紧。

工件夹紧

② 改变位置

要想改变台虎钳与支架的相对位置，可以松开紧固手柄。

改变位置

③ 平直工件

利用台虎钳上的平面可以平直弯曲工件。

平直工件

（2）手锯的使用

1）手锯外形

手锯由锯弓和锯条两部分组成。通常的锯条规格为300mm，其他还有200mm、250mm两种。锯条的锯齿有粗细之分，目前使用的齿距有0.8、1.0、1.4、1.8（mm）等几种。齿距小的细齿锯条适于加工硬材料和小尺寸工件以及薄壁钢管等。

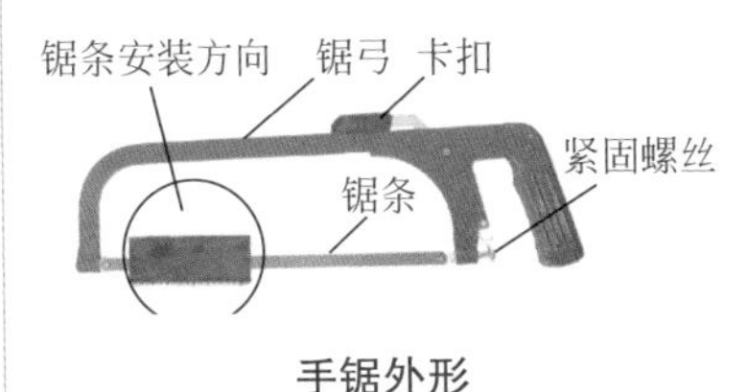

手锯外形

2）手锯的使用方法

① 放上锯条，拧紧螺栓，扳紧卡扣。

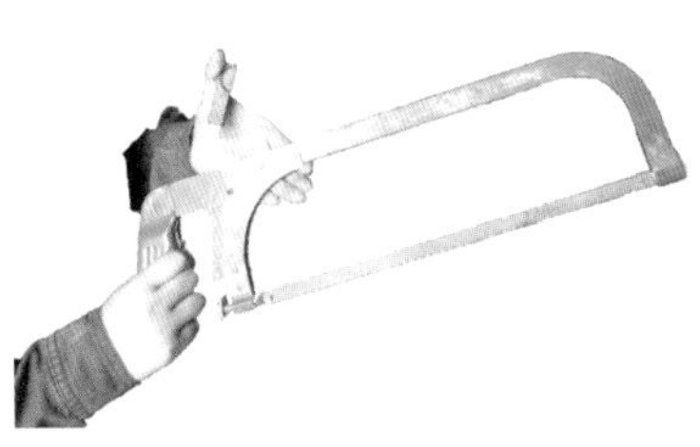

放上锯条

② 将锯条对准切割线从下往上进锯。由于向上进锯锯齿接触面较大，是常用的进锯法。

向上进锯法

③ 也可将锯条对准切割线从上往下进锯。

向下进锯法

④ 逐渐端平手锯用力锯割。

锯割

⑤ 如果锯缝深度超过锯弓高度，可以将锯条翻过来继续锯割，直到将工件锯掉。

反装锯条

(3)锉刀的使用

1）锉刀外形

锉刀按剖面形状分有扁锉（平锉)、方锉、半圆锉、圆锉、三角锉、菱形锉和刀形锉等。平锉用来锉平面、外圆面和凸弧面；方锉用来锉方孔、长方孔和窄平面；三角锉用来锉内角、三角孔和平面；半圆锉用来锉凹弧面和平面；圆锉用来锉圆孔、半径较小的凹弧面和椭圆面。

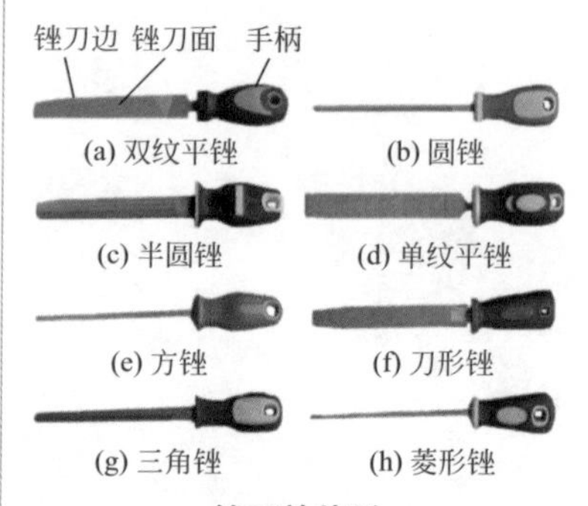

锉刀的外形

2）锉刀的握法

① 用右手握锉刀柄，柄端顶住掌心，大拇指放在柄的上部。

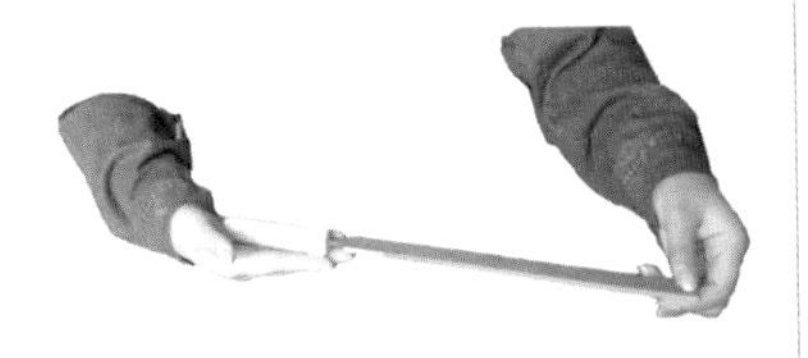

柄端顶住掌心

② 其余四指满握刀柄。

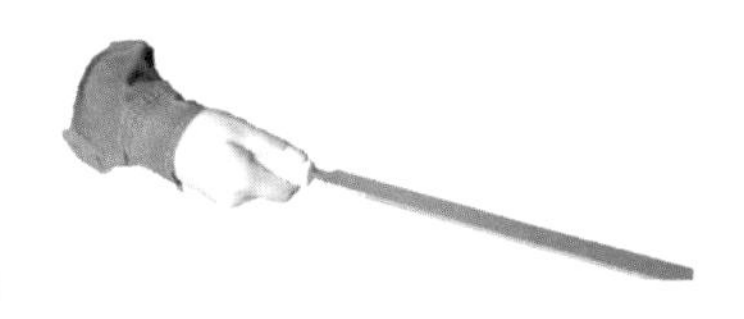

满握刀柄

1 2
3 4

3）左手姿势

① 大拇指搭在锉刀边上，其余四指满握刀头。

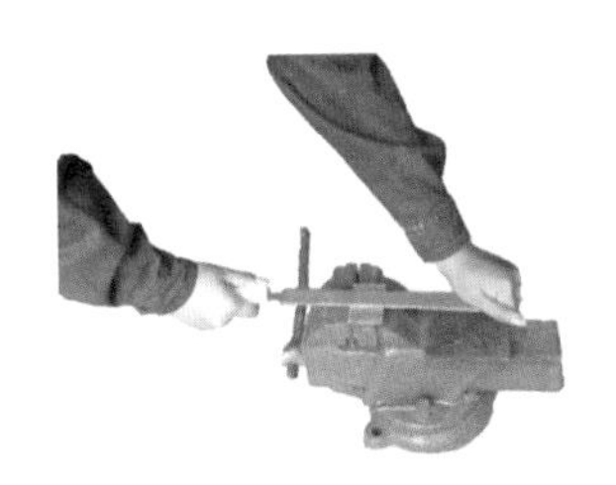

握满刀头

② 左手压住锉刀面。

握住锉刀面

③ 左手手掌压住锉刀面。小型锉刀和什锦锉刀不使用左手。

压住锉刀面

4）平面的锉法

① 顺向锉

顺向锉最普通的锉削方法。不大的平面和最后锉光都用这种方法。顺向锉可以得到正直的锉痕，比较整齐美观。

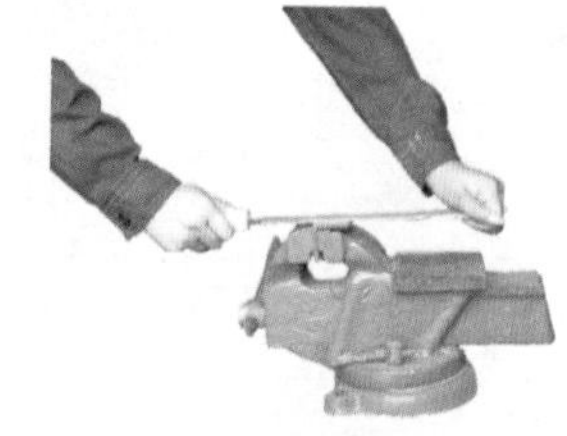

顺向锉

② 交叉锉

锉刀与工件的接触面增大，锉刀容易掌握平稳。同时，从锉痕上可以判断出锉削面的高低情况，因此容易把平面锉平。交叉锉进行到平面将锉削完成之前，要改用顺向锉，使锉痕变为正直。

锉削是不论常用顺向锉还是交叉锉，为了使加工平面均匀地锉到，一般在每次抽回锉刀时，都要向旁边略为移动。

交叉锉

③ 推锉

一般用于锉削狭长平面，或用顺向锉推进受阻碍时使用。推锉不能充分发挥手的力量，同时切削效率不高，故只适宜在加工余量较小和修正尺寸时使用。

推锉

（4）管子台虎钳的使用

1）管子台虎钳的外形

管子台虎钳安装在钳工工作台上，用来夹紧以便锯切管子或对管子套制螺纹等。

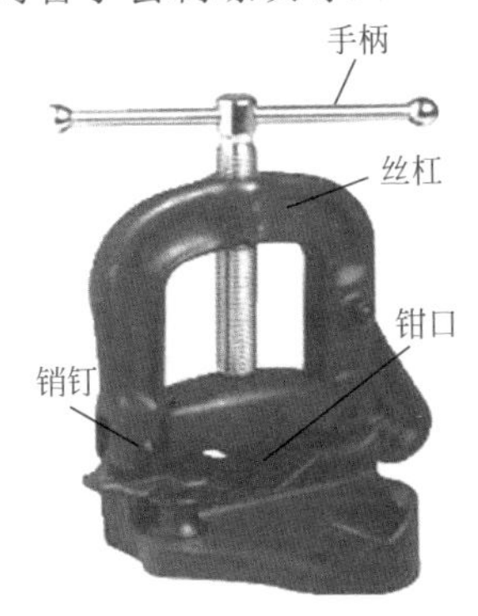

管子台虎钳外形

2）管子台虎钳的使用

① 旋转手柄，使上钳口上移。

钳口上移

② 将台虎钳放正后打开钳口。

打开钳口

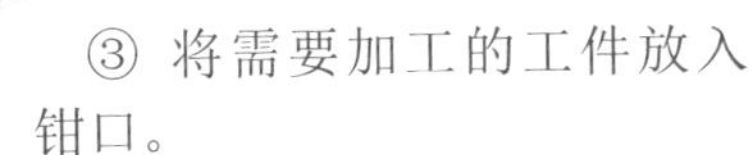

③ 将需要加工的工件放入钳口。

放入工件

④ 合上钳口，注意一定要扣牢。如果工件不牢固，可旋转手柄，使上钳口下移，夹紧工件。

夹紧工件

(5) 管子绞扳的使用

1）管子绞扳外形

管子绞扳主要用于管子螺纹的制作，有轻型和重型两种。

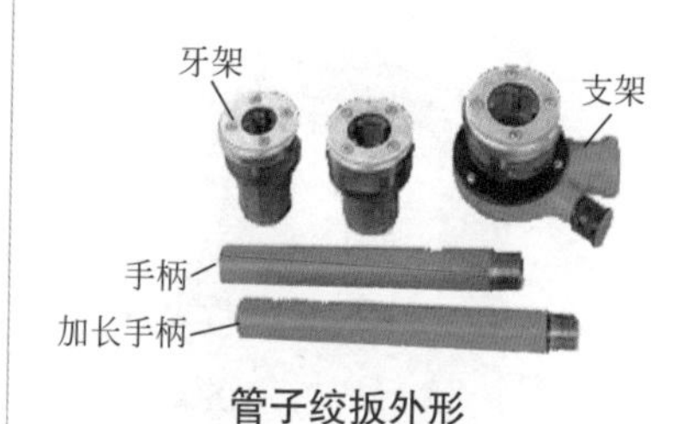

管子绞扳外形

2）管子绞扳的使用方法

① 将牙块按 1、2、3、4 顺序号顺时针装入牙架。

装入牙块

② 拧紧牙架护罩螺栓。

紧固外罩

③ 将牙架插入支架孔内。

插入支架

④ 安上卡簧。

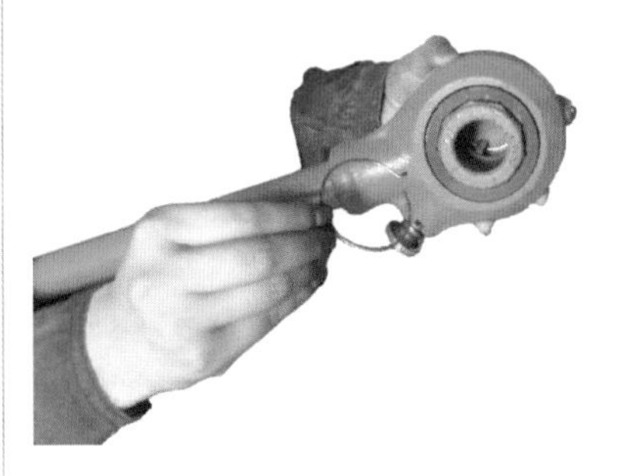

安上卡簧

⑤ 用一手扶着将牙架套入钢管，摆正后慢慢转动两圈。

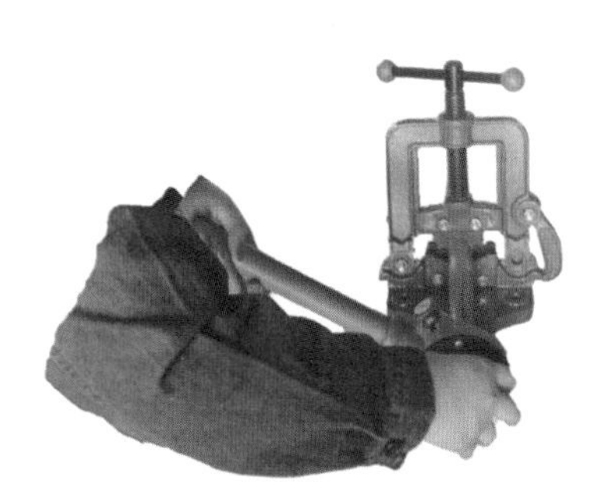

套入钢管

⑥ 两手用力搬动手柄。

转动支架

⑦ 感到吃力时可以在丝扣上滴入少许机油。

滴入机油

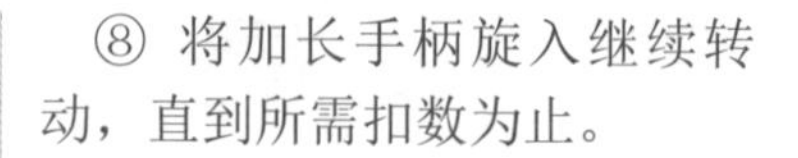

⑧ 将加长手柄旋入继续转动，直到所需扣数为止。

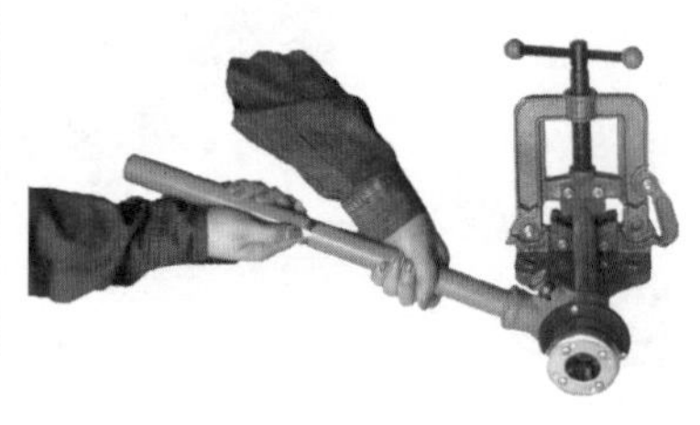

拧上加长杆

（6）钢管割刀的使用

1）钢管割刀外形

钢管割刀是一种专门用来切割各种金属管子的工具。

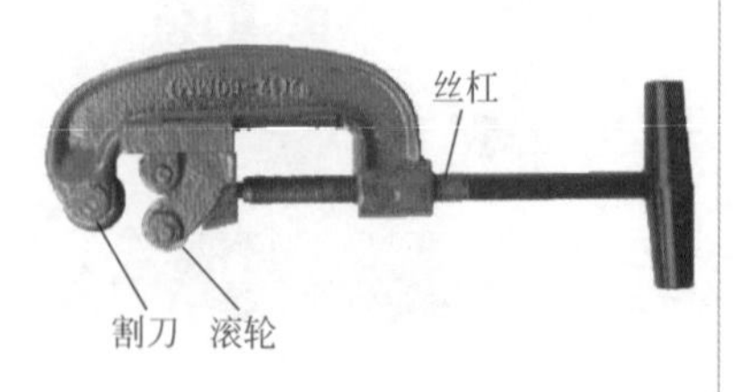

管子割刀外形

2）使用方法

① 将需要切割的钢管固定在台虎钳上，将待割的钢管卡入割刀，旋动手柄，使刀片切入钢管。

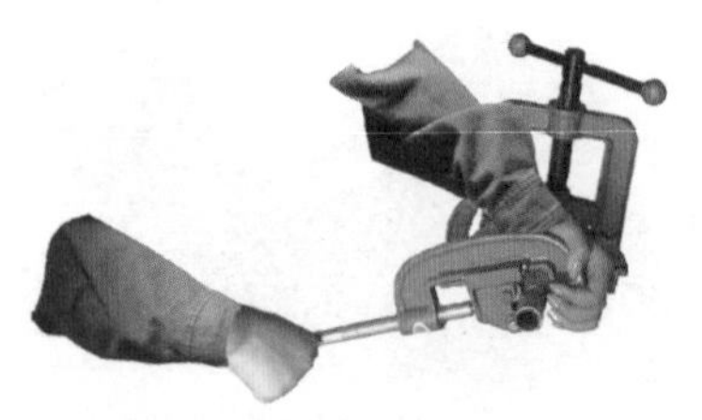

切入钢管

② 做圆周运动进行切割，边切割边调整螺杆，使刀片在管子上的切口不断加深，直至把钢管切断。

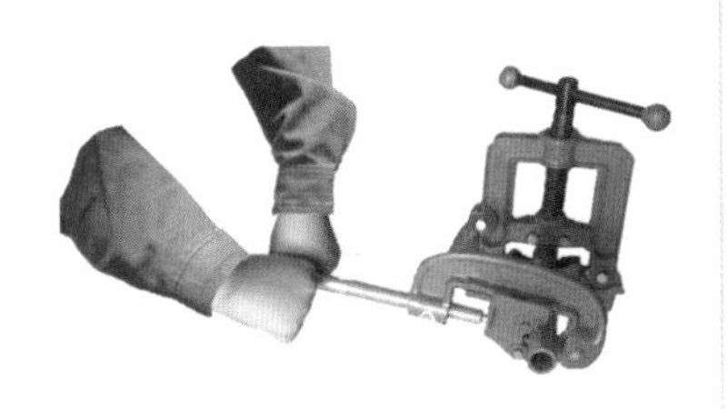

旋转加力

（7）PVC管割刀的使用

1）PVC 管割刀外形

PVC 管割刀应用于塑料管的切割。

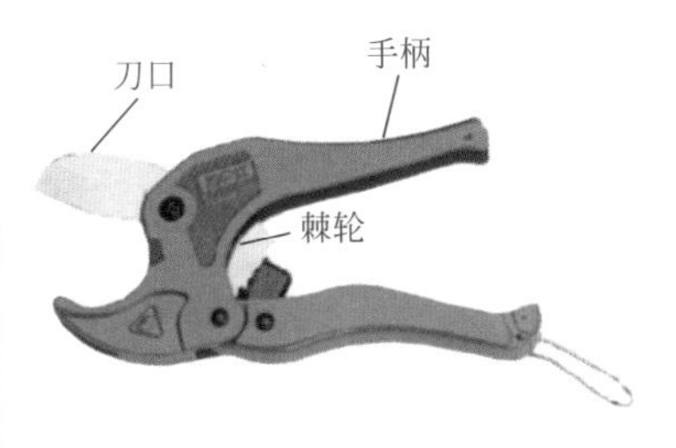

塑料管子割刀外形

2）使用方法

① 打开剪口。

打开剪口

② 将管子垂直放入钳口中，应边稍转动管子边进行裁剪，使刀口易于切入管壁。

入管

③ 刀口切入管壁后，应停止转动PVC管，继续裁剪，直至管子切断为止。

渐进加力剪断

（8）电动型材切割机的使用

1）电动型材切割机外形

电动型材切割机由电动机、可转夹钳、增强树脂砂轮片和砂轮保护罩、操作手柄、电源开关及电源联接装置件等组成。

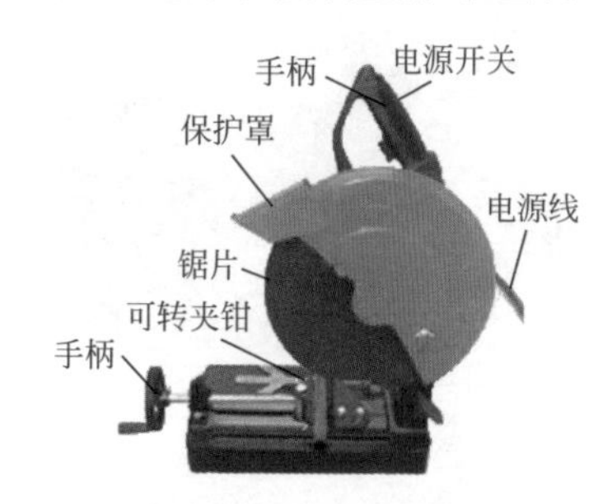

电动型材切割机外形

2）型材切割机的使用

① 拧开可转夹钳螺栓，根据需切割工件角度调整并紧固可转夹钳。

调整角度

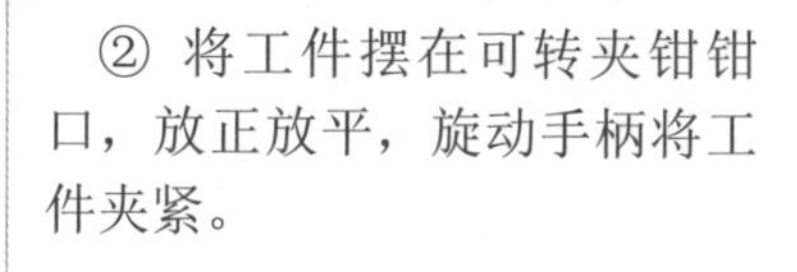

② 将工件摆在可转夹钳钳口，放正放平，旋动手柄将工件夹紧。

工件夹紧

③ 穿戴好等防护用品，按下电源开关并向下按手柄，即可切断工件。

切割

（9）电锤钻的使用

1）电锤钻外形

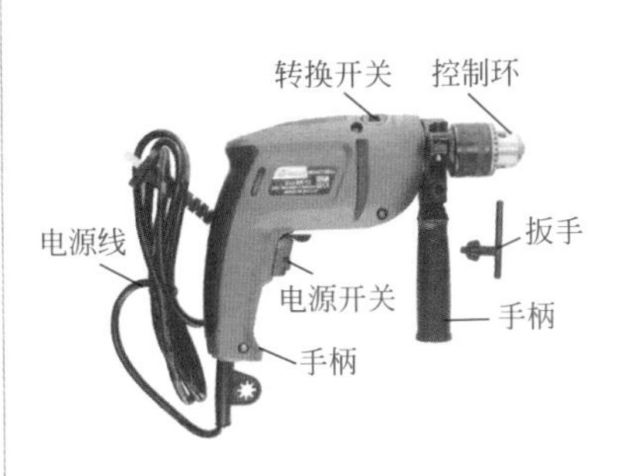

电锤钻外形

1 2
3 4

2）电锤钻的使用

① 根据膨胀螺栓的大小选择锤头，然后安装并紧固。

安装锤头

② 两手握住手柄，垂头对准要打孔部位，垂直用力，就可打出需要的孔洞。

对准打孔

(10)电动角向磨光机的使用

1）电动角向磨光机外形

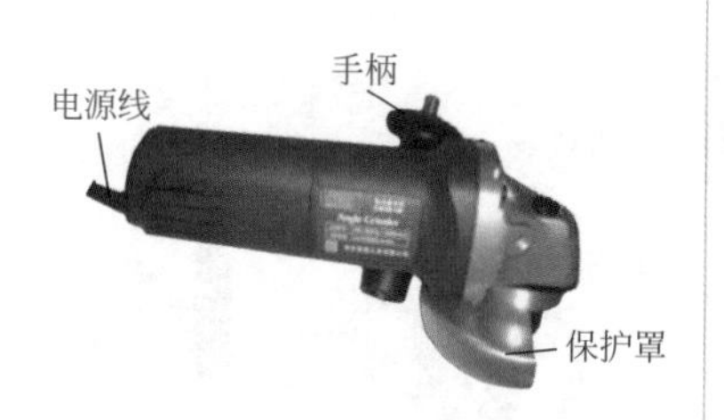

电动角向磨光机外形

2）角向磨光机使用切割钢管

① 选择合适砂轮片，用专用扳手拧紧。

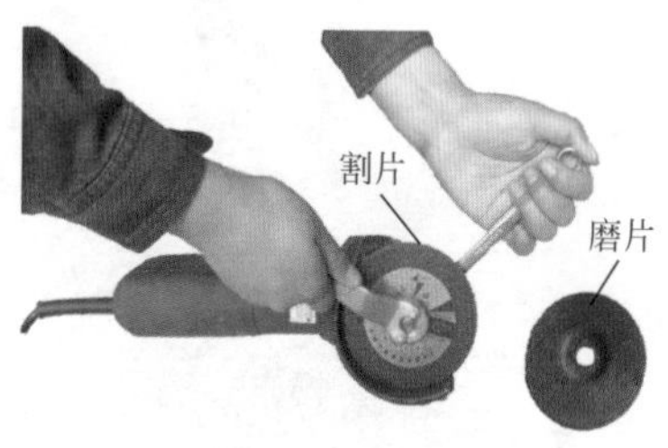

安装砂轮片

② 对准画线部位，拿稳轻按。

对准切割

(11)手动弯管器的使用

1）手动弯管器外形

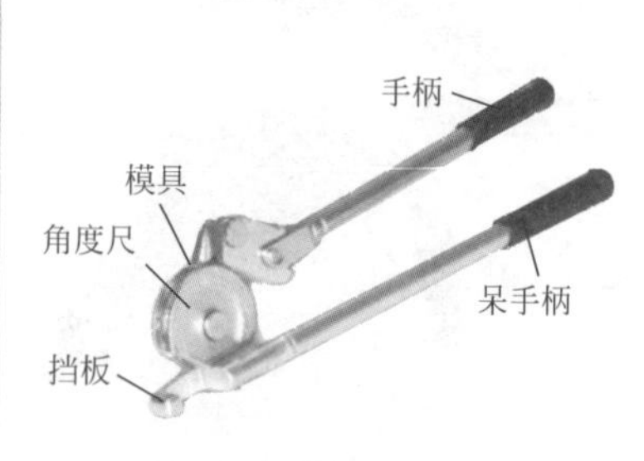

手动弯管器的外形

2）手动弯管器使用

① 首先根据要弯管的外径选择合适的模具，并固定。

安装模具

② 插入管子。

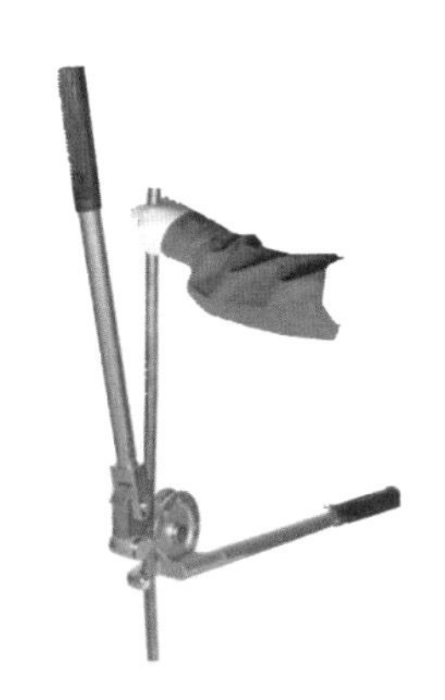

插入管子

③ 双手压动手柄，观察刻度尺，当手柄上横线对准需要弯管角度时，操作完成。

弯制成型

（12）压接钳的使用

1）外形

压接钳又称压线钳，是一种用冷压方式连接大截面铜、铝导线的专用工具。

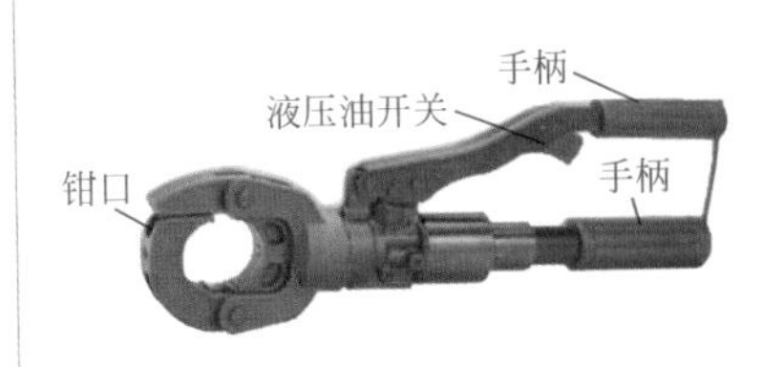

液压压接钳的外形

2）使用方法

① 选择模具，打开钳口。

打开钳口

② 正确安装模具。关闭液压油阀门。

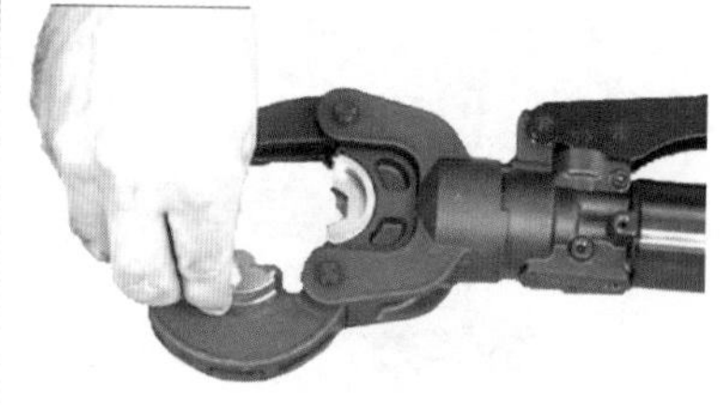

安装模具

③ 剥除导线绝缘层（长度 = 接线耳深度 +5 ～ 10mm）。将接线耳插入模具加压靠紧。

安装接线耳靠紧

④ 将导线插入接线耳。

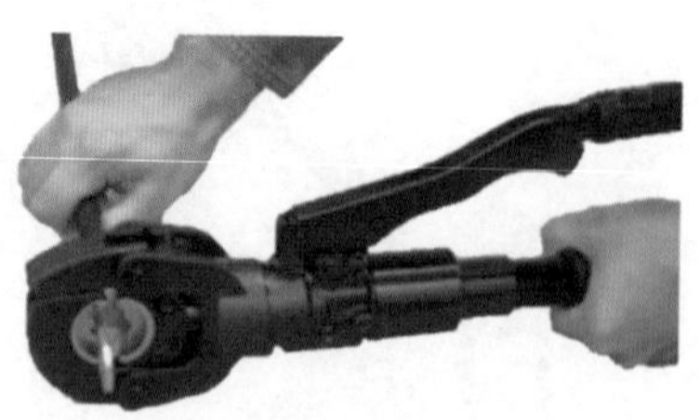

插入导线

⑤ 加压至预定值。

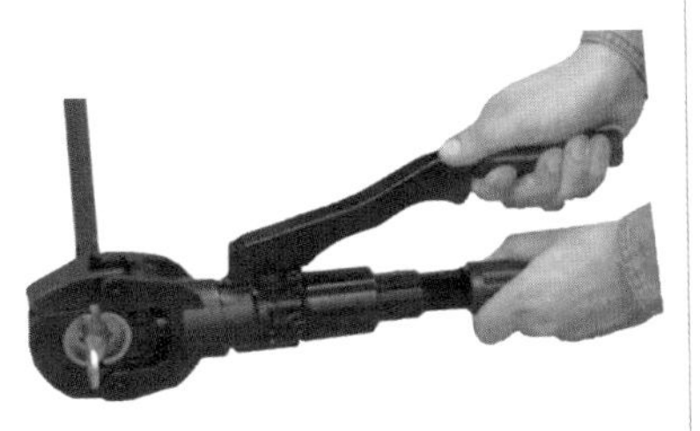

加压

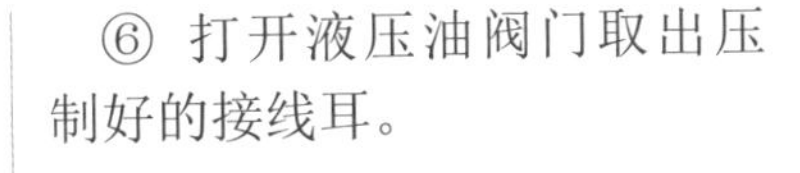

⑥ 打开液压油阀门取出压制好的接线耳。

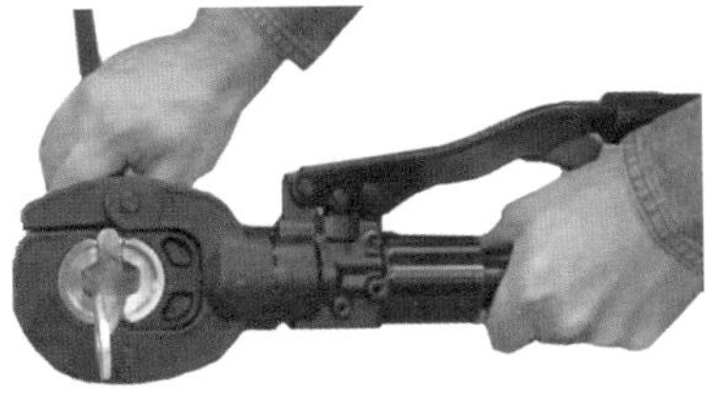

取出导线

（13）梯子单使用

1）梯子外形

(a) 伸缩单梯

(b) 合页梯

电工常用梯子

2）使用方法

①上梯子时无论哪只脚先动，对应的手都要同时移动并扶稳。

上梯

② 操作时如果左手用力，则左脚踩实，右腿跨过梯子横档，右脚踩稳。

操作

③ 下梯子时，移哪只脚就相应移哪只手，并抓牢。

下梯

（14）紧线器的使用

1）外形

紧线器是在架空线路敷设施工中作为拉紧导线用的。

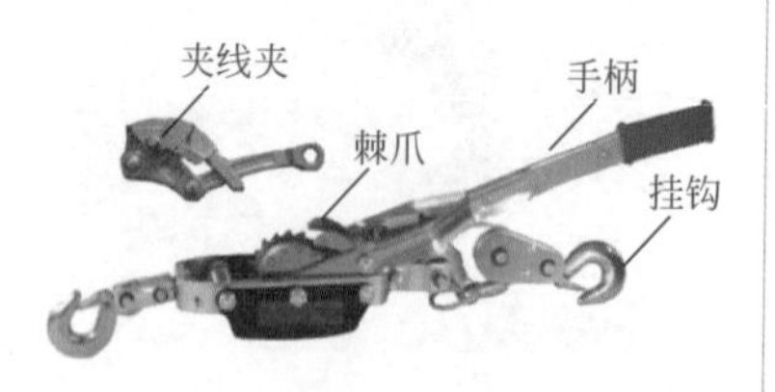

紧线器的外形

2）使用方法

① 先把紧线器上的钢丝绳松开，并固定在横担上。

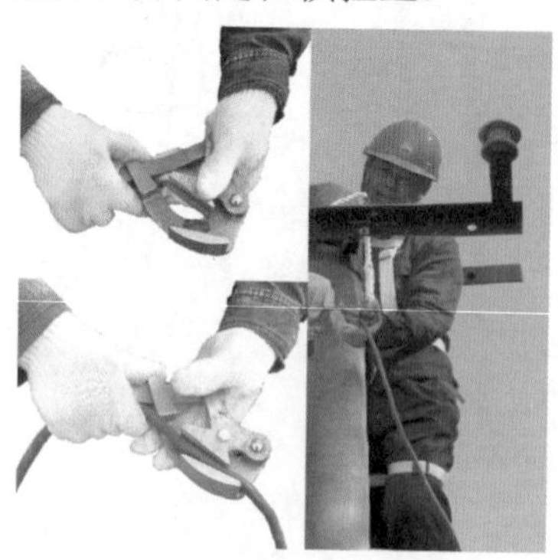

夹住导线

② 用夹线钳夹住导线，然后扳动专用板手。由于棘爪的防逆转作用，逐渐把钢丝绳或镀锌铁线绕在棘轮滚筒上，使导线收紧。

收紧

（15）脚扣的使用

1）脚扣外形

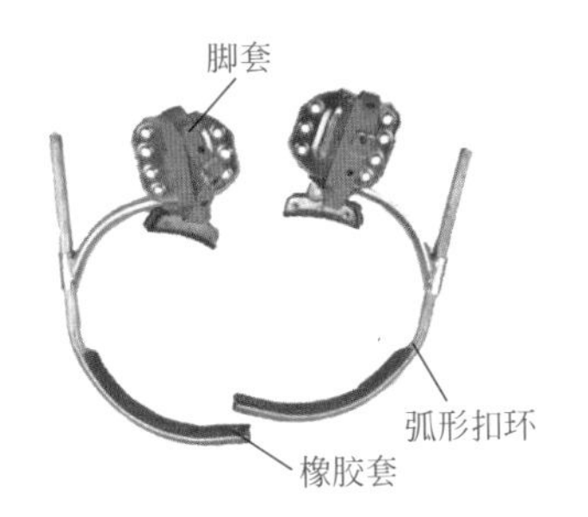

脚扣外形

2）使用方法

① 上杆时在地面上套好脚扣，登杆时根据自身方便，可任意用一只脚向上跨扣，同时用与上跨脚同侧的手向上扶住电杆，换脚时，一个脚的脚扣和电杆扣牢后，再动另一只脚。以后步骤重复，直至杆顶需要作业的部位。

右脚上移右手在上

② 登杆中不要使身体直立靠近电杆，应使身体适当弯曲，离开电杆。快登到顶时，要防止横担碰头。

左脚上移左手在上

③ 操作者在电杆左侧作业时，应左脚在下，右脚在上，即身体重心放在左脚上，右脚辅助。

两点定位

④ 操作者在电杆右侧作业时，应右脚在下，左脚在上，即身体重心放在右脚上，以左脚辅助。也可根据负载的轻重、材料的大小采取一点定位，即两只脚同在一条水平线上，用一只脚扣的扣身压在另一只脚扣的身上。

一点定位

1.2.3 测量工具

(1)游标卡尺的使用

1）游标卡尺外形

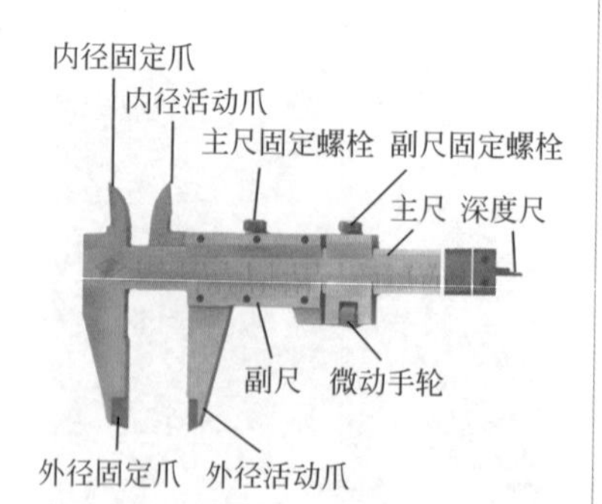

游标卡尺外形

2）游标卡尺使用（钢管外径测量）

松开主副尺固定螺栓，将钢管放在外径测量爪之间，拇指推动微动手轮，使内径活动爪靠紧钢管，即可读数。

先读主尺 26，再看副尺刻度 4 与主尺 30 对齐，这样小数为 0.4，加上 26，结果为 26.4mm。

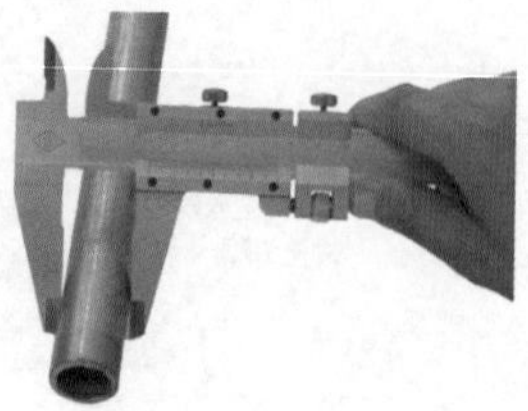

游标卡尺使用方法

(2)外径千分尺的使用

1）外径千分尺的外形

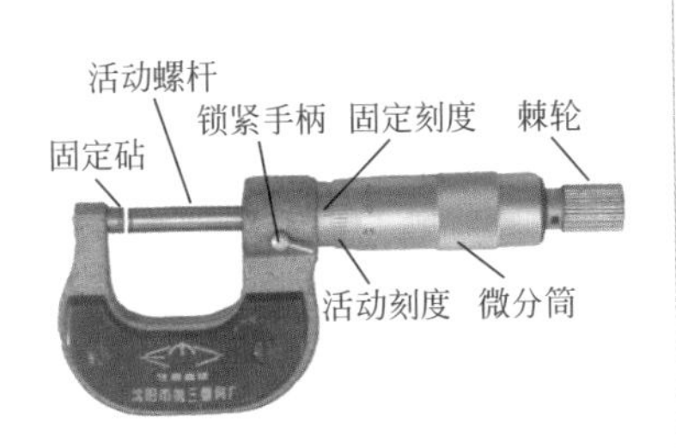

外径千分尺外形

2）外径千分尺的使用（导线外径测量）

① 左手将平直导线置于固定砧和活动螺杆之间，右手旋动微分筒。

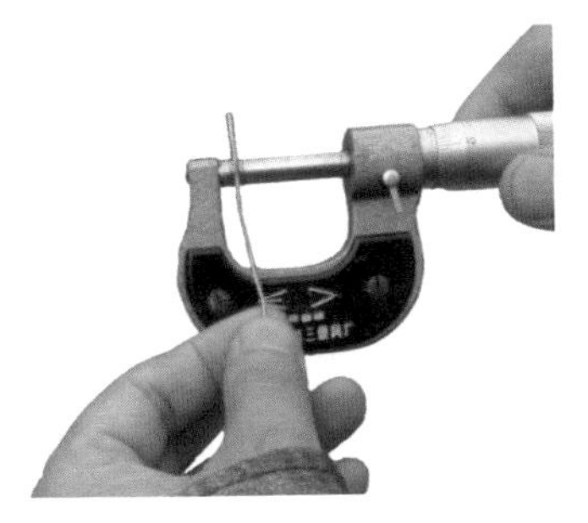

旋动微分筒

② 待活动螺杆靠近导线时，右手改旋棘轮，听到“咔咔”响声时，说明导线已被夹紧，可以读数。

读数的方法：先读固定刻度1.0，然后看固定刻度尺线与活动刻度哪条对齐（在中间时要估一位）0.085，最后两数相加，得到导线测量直径1.085mm。

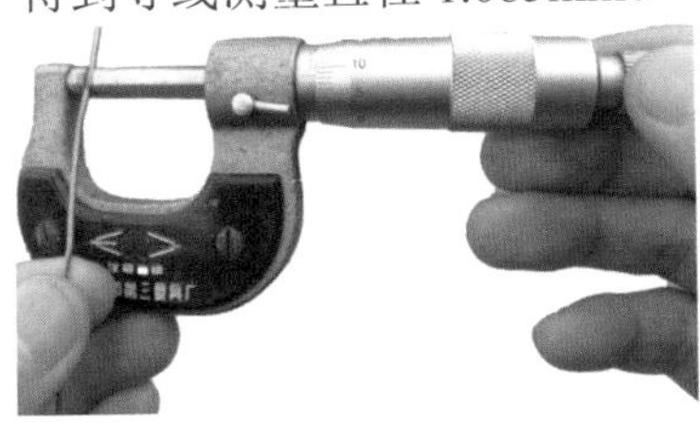

旋动棘轮

1.2.4 常用电工仪表的使用

(1)钳形电流表的使用

1）钳形电流的外形

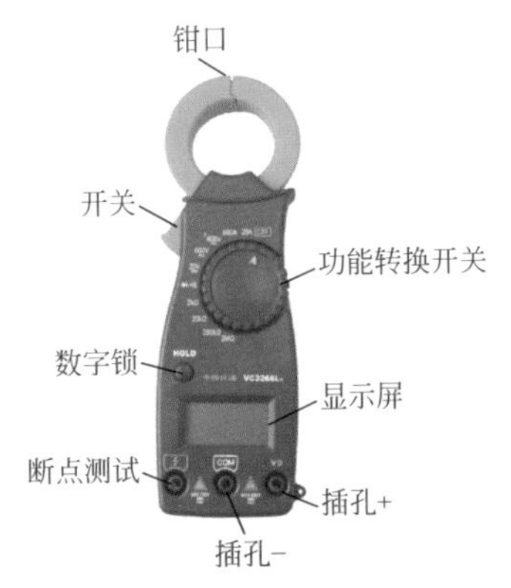

钳形电流表外形

2）钳形电流表使用1（电流测量）

① 打开钳口，将被测导线置于钳口中心位置。

打开钳口

② 合上钳口即可读出被测导线的电流值。

测量较小电流时，可把被测导线在钳口多绕几匝，这时实际电流应除以缠绕匝数。

夹入导线并读数

3）钳形电流表使用2（直流电阻测量）

① 根据估测数值将钳形电流表选择开关打到2k电阻挡。

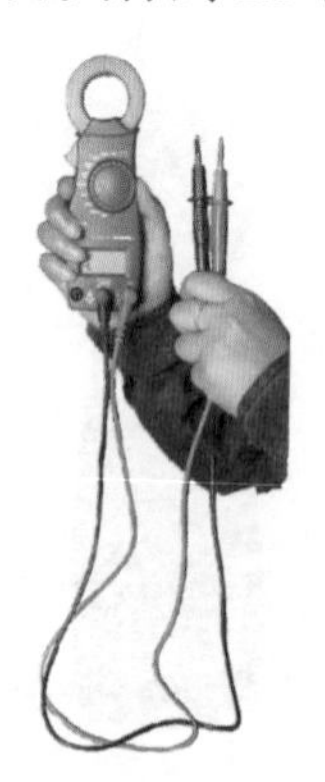

选择挡位

② 将两表笔接在被试物两端，并保持接触良好，读取测量值。

测量

③ 测量完毕将选择开关打到 OFF 挡。

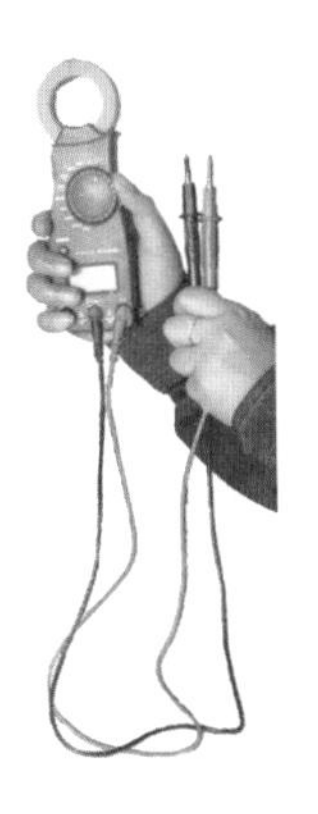

关闭

（2）万用表的使用

1）数字万用表外形

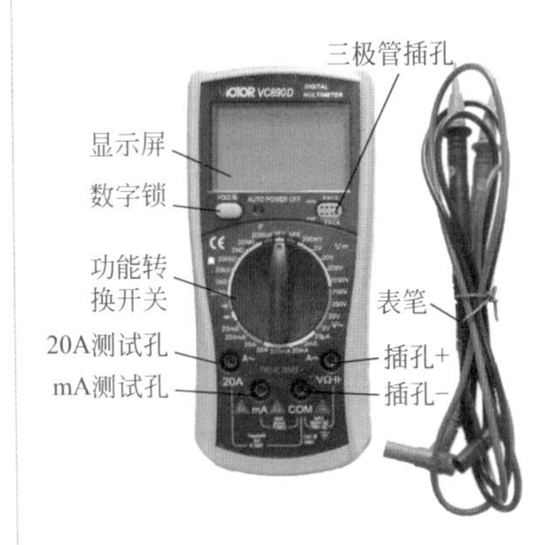

数字万用表外形

2）数字万用表的使用

① 将万用表打到电容挡。

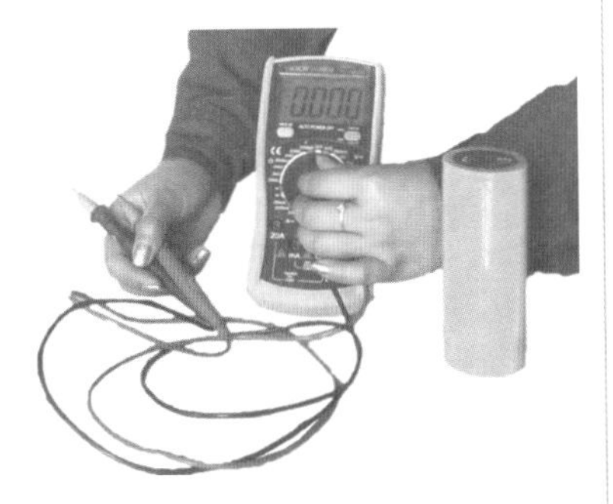

确定功能和挡位

② 两表笔分别连接电容器两接线端，开始时没有读数，待电容器充满电后，显示屏即显示电容值。

测量

③ 测量完毕关闭万用表。

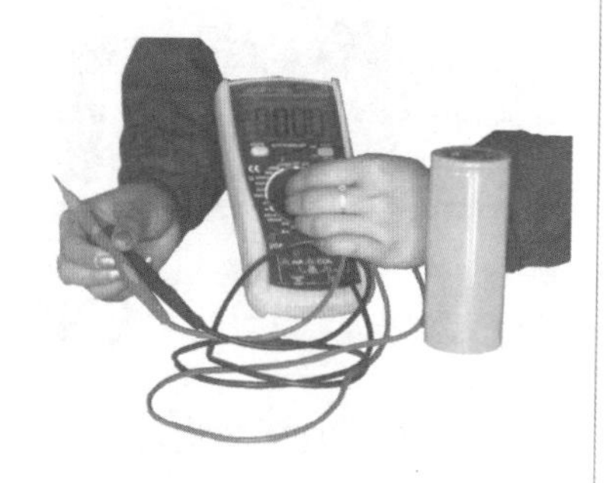

关闭

3）指针式万用表的使用

① 先将功能挡打到欧姆挡。

测量中应选择测量种类，然后选择量程。如果不能估计测量范围时，应先从最大量程开始，直至误差最小，以免烧坏仪表。

功能选择

② 再将量程打到 1k 挡。

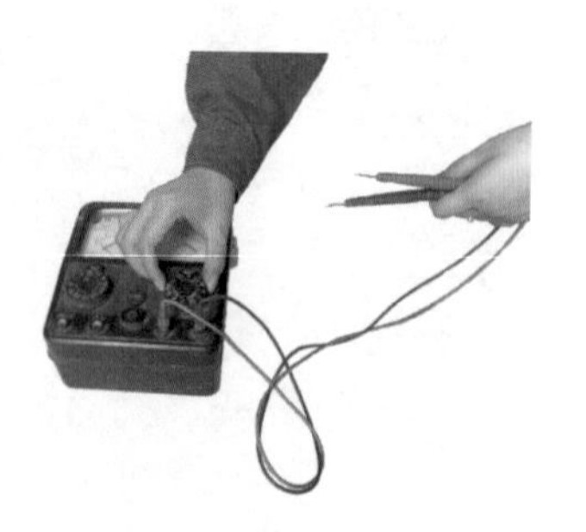

量程选择

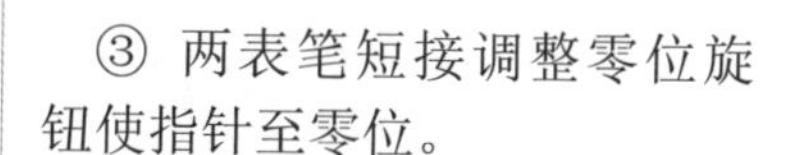

③ 两表笔短接调整零位旋钮使指针至零位。

调零

④ 两表笔连接线圈端子，读数。

注意事项：测量电阻每换一挡，必须校零一次。测量完毕，应关闭或将转换开关置于电压最高挡。

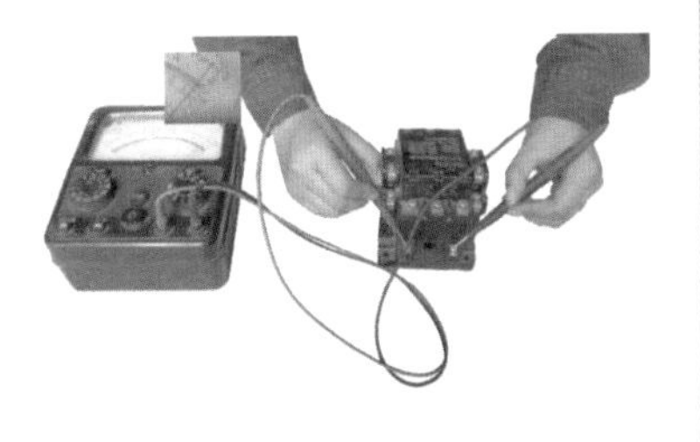

测量

（3）兆欧表的使用

1）手动兆欧表外形

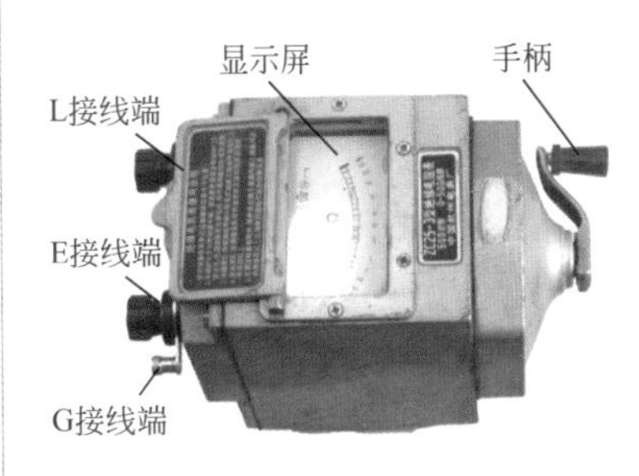

兆欧表外形

2）兆欧表的使用

① 将L、E两表笔短接缓慢摇动发电机手柄，指针应指在“0”位置。

对零

② L表笔不动，将E表笔接地，由慢到快摇动手柄。若指针指零位不动时，就不要在继续摇动手柄，说明被试品有短路现象。若指针上升，则摇动手柄到额定转速（120r/min），稳定后读取测量值。

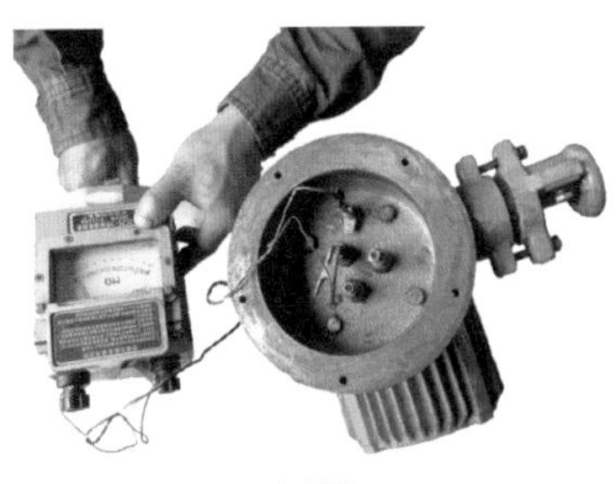

测量

1.3 常用材料

1.3.1 安装材料

（1）金属管及管件

1）白铁管规格及尺寸

外形	标称直径/mm	外径×壁厚/mm	内径/mm	质量/(kg/m)
	10	17×2.25	12.5	0.82
	15	21.25×2.75	15.75	1.25
	20	26.75×2.75	21.25	1.63
	25	38.5×3.25	27	2.42
	32	42.25×3.25	35.75	3.13
	40	48×3.50	41	3.84
	50	60×3.50	53	4.88
	70	75.5×3.75	68	6.64
	80	88.5×4	80.5	8.34
	100	114×4	106	10.85
	125	140×4.5	131	15.04
	150	165×4.5	156	17.81

2）管配件规格尺寸

名称	外形	型号	尺寸/mm
接线盒		L101	ϕ20/25
		L102	
		L103	
		L104	
		L105	

续表

名称及外形	型号	尺寸/mm
套管式管端接头	TGJ	ϕ16
		ϕ20
		ϕ25
		ϕ32
		ϕ38
铁皮离墙管卡	TPK	ϕ20
		ϕ25
		ϕ32
		ϕ40
		ϕ50
软管端接头	DPJ	ϕ20
		ϕ25
		ϕ32
		ϕ38
法兰	D146	ϕ20
	D147	ϕ25

续表

名称及外形	型号	尺寸/mm
明装三通	L210	ϕ20
	M210	ϕ25
明装弯头	L208	ϕ20
	M208	ϕ25
	L209	ϕ20
	M209	ϕ25
管接头	C140	ϕ20
	C141	ϕ25
	C142	ϕ32
	C143	ϕ40
	C144	ϕ50

（2）塑料管及管件

1）硬质塑料管规格

外形	标称直径/mm	外径/mm	轻型管		重型管	
			壁厚/mm	质量/(kg/m)	壁厚/mm	质量/(kg/m)
	8	12.5	—	—	2.25	0.45
	10	15	—	—	2.50	0.60
	15	20	2	0.7	2.50	0.85
	20	25	2	0.9	3	1.30
	25	32	3	1.7	4	2.20
	32	40	3.5	2.5	5	3.40
	40	51	4	3.6	6	5.20
	50	65	4.5	5.2	7	7.40
	65	76	5	6.8	8	11
	80	90	6	10	—	—
	100	114	7	15	—	—

2）聚氯乙烯阻燃型(KRG)可挠电线管规格

外形	标称直径/mm	内径/mm	外径/mm	质量/(kg/m)
	15	14.3	18.7	0.06
	20	16.5	21.2	0.07
	25	23.3	28.9	0.105
	32	29	34.5	0.13
	40	36.2	42.5	0.184
	50	47.7	54.5	0.26

3）PVC管接头规格尺寸

外形	配用管径	内径/mm	外径/mm	长度/mm
	DN16	16	20	30
	DN20	20	24	42
	DN25	25	30	42
	DN32	32	37	52
	DN40	40	45	58
	DN50	50	55	62
	DN63	60	68	70

4）PVC入盒接头及入盒锁扣规格尺寸

外形	配用管径	内径/mm	外径/mm	长度/mm
	DN16	16	21	33
	DN20	20	25	35
	DN25	25	31	35
	DN32	32	40	42
	DN40	40	48	45.5
	DN50	50	58	55.5
	DN63	60	71	79.5

5）PVC 明/暗装圆形灯头盒规格尺寸

外形	配用管径	外径/mm	内径/mm	线孔距/mm
	DN16	66	51.0	32/57
	DN20	66	50.8	32/63.9
	DN25	64	50	35/66

6）PVC 明暗装开关盒规格尺寸

外形	配用管径	外长/mm	高度明/暗/mm	内长/mm
	DN16	75/77	40/54	50/60.3
	DN20	100/77	40/54	72/60.3
	DN25	125/164	40/54	94/60.3

7）PVC 弯头规格尺寸

外形	配用管径	内径/mm	外径/mm	总长/mm	厚度/mm
	DN16	16	19	55	27
	DN20	20	24	63	31
	DN25	25	29.3	70	36
	DN32	32	37	77	43
	DN40	40	50	88	52
	DN50	50	55	113	63
	DN63	63	69	133	78

8）PVC 管叉规格尺寸

外形	配用管径	内径/mm	外径/mm	长/mm	宽/mm	厚度/mm
	DN16	16	19	60	99	29
	DN20	20	24	68	110	33
	DN25	25	29.3	71	108	42.5
	DN32	32	37	80	113	43
	DN40	40	50	84	115	52
	DN50	50	55	113	165	66
	DN63	63	69	133	193	81

9）PVC 管卡规格尺寸

外形	配用管径	长度/mm	厚度/mm	高度/mm
	DN16	24	20	18.5
	DN20	29.5	26	18.5
	DN25	34	32.5	18.5
	DN32	43	34	18.5
	DN40	51	40	18.5

10）PVC90º 弯头规格尺寸

外形	配用管径	内径/mm	外径/mm	总长/mm
	DN16	16	20	39
	DN20	20	24	45
	DN25	25	29	53
	DN32	32	36	63
	DN40	40	45	76
	DN50	50	55	89
	DN63	63	68	110

(3) 紧固件

1）管夹规格尺寸

外形	配用管径	圆弧直径/mm	长度/mm	带宽/mm	高度/mm	孔距/mm
	DN16	16	47	15	17	32
	DN20	20	54	16	21	36
	DN25	25	60	18	26.5	41
	DN32	32	78	22	33	58
	DN40	40	91	24	41	72
	DN50	50	102	25	52	80
	DN63	63	114	28	66	94

2）不锈钢喉箍规格尺寸

外形	英制规格/in	公制规格/mm	带宽/mm
	4～12	6～32	6
	16～28	21～57	8
	32～72	40～27	10
	80～104	118～178	12

3）膨胀螺栓规格尺寸

外形	螺栓规格	胀管直径/mm	螺纹长度/mm	钻孔直径/mm
	M6	10	40～50	10.5
	M8	12		12.5
	M10	14		14.5
	M12	18		19
	M16	22		23

4）胀管规格尺寸

外形	公称外径/mm	螺纹直径/mm	总长/mm	螺钉直径/mm
	φ6	3.6	30	4
	φ8	5	42	5
	φ9	6	48	6
	φ10	6	58	6
	φ12	8	70	8

5）管卡及单边管卡规格尺寸

外形	管卡/单边管卡			
	总长/mm	螺纹长/mm	圆弧直径/mm	螺纹直径/mm
	35/44	16/20	18/18	M6
	44/50	18/22	22/22	M6
	50/54	18/22	28/28	M6
	56/60	18/22	35/35	M6
	62/68	18/22	40/40	M6
	78	18	52	M8
	105	18	78	M10
	118	18	92	M10

6）塑料、尼龙绑扎带规格尺寸

外形	塑料规格/mm			尼龙规格/mm		
	型号	带长	带宽	型号	带长	带宽
	S1	118	3	N1	118	3
	S2	160	5	N2	160	5
	S3	250	10	N3	250	10
	S4	348	10	N4	348	10

7）压线夹规格尺寸

外形	圆形/mm	扁形/mm
	$\phi 4$	
	$\phi 5$	
	$\phi 6$	6
	$\phi 7$	7
	$\phi 8$	8
	$\phi 9$	
	$\phi 10$	10
	$\phi 11$	12
	$\phi 12$	
	$\phi 14$	

8）钢精扎头规格尺寸

外形	型号	规格/mm	
		带长	带宽
	0	28	5.6
	1	40	6
	2	48	6
	3	59	6.8
	4	66	7
	5	73	7

（4）开关插座

1）86系列开关及插座名称与型号

外形	名称型号	外形	名称型号
	一位开关 C1-001		一开带16A插座 C2-005
	二位开关 C1-002		二极多功能插座 C2-006
	三位开关 C2-003		三极插座 C2-007
	一开带二、三极插座 C2-004		二、三极插座 C2-008

续表

外形	名称型号	外形	名称型号
	二、二三极插座 C2-009		一位电话插座 C1-013
	一位电视插座 C2-010		一位电脑插座 C1-014
	电视分支插座 C2-011		二位电话插座 二位电脑插座 C2-015
	二位电视插座 C2-012		电话、电脑插座 C2-016

续表

外形	名称型号	外形	名称型号
	电视、电话插座C2-017		调光开关调速开关C2-021
	电视、电脑插座C2-018		插卡取电C2-022
	声光延延时开关C2-019		单联音响插座双联音响插座C2-023
	触摸延时开关C2-020		16A三极插座25A三极插座C2-024

2）120系列开关及插座名称与型号

外形	名称型号	外形	名称型号
	一位面板F1-001		一位大板开关F1-005
	二位面板F1-002		小三位开关F1-008
	三位面板F1-003		一位中板开关F1-006
	四位面板F1-004		小二位开关F1-007

续表

外形	名称型号	外形	名称型号
	16A三极插座F1-009		电话插座电脑插座F1-013
	多功能插座F1-010		门铃开关F1-014
	小五孔插座F1-011		触摸延时开关声光控延时开关F1-015
	电视插座F1-012		调光开关调速开关F1-016

（5）灯座与灯泡

1）灯座规格尺寸

外形	名称型号	安装尺寸/mm
	胶木插口平灯座2C15	ϕ40×35安装孔距34
	胶木螺口平灯座E12	ϕ35×23安装孔距27
	胶木螺口平灯座E12	ϕ35×23安装孔距27
	斜平装式胶水螺口灯座2C22	ϕ64×64安装孔距49.5

续表

外形	名称型号	安装尺寸/mm
	胶木螺口吊灯座2C15A	ϕ43×64
	胶木插口吊灯座2C15A	ϕ43×64
	胶木螺口吊灯座(附开关) E27	ϕ40×74
	防雨胶木螺口吊灯座E27	ϕ40×57

2）节能荧光灯名称与型号

外形	外露形（U形、H形）；直筒形		
型号	功率/W	外形	灯管类型
T6-A1	6	直筒形玻罩式	110～120V 60Hz 220～240V 50Hz 双U或双H
T6-A2		斜筒形玻罩式	
T6-A3		斜筒形外露式	
T8-A1	8	直筒形塑罩式	
T8-A2		斜筒形塑罩式	
T8-B1		直筒形外露式	
T8-B2		斜筒形外露式	
T10-A1	10	直筒形塑罩式	
T10-A2		斜筒形塑罩式	
T10-B1		直筒形外露式	
T10-B2		斜筒形外露式	

续表

外形	斜筒形；球形管		
型号	功率/W	外形	灯管类型
T12-B1	12	直筒形外露式	双U或双H
T12-B2		斜筒形外露式	
T14-A3	14	直筒形玻罩式	
T14-B1		直筒形外露式	
T14-B2		斜筒形外露式	
T14-D1		球形花玻罩	单U或单H
T14-D2		球形砂玻罩	
T14-D3		球形白玻罩	
JND-9	9	球 形 筒形塑罩	双U或双H 单U或单H
JND-11	11		
JND-13	13		
JND-15	15		
JND-18	18		

3）灯管规格尺寸

型号	功率/W	工作电压/V	工作电流/A	直径/mm	全长/mm
RR-6 RL-6	6	50±6	0.14	15±1	222.6
RR-8 RL-8	8	60±6	0.16	15±1	301.6
RR-10 RL-10	10	45±5	0.25	25±1.5	344.6
RR-15S RL-15S	15	58^{+6}_{-8}	0.30	25±1.5	450.6
RR-15 RL-15	15	50±6	0.33	38±2	450.6
RR-20 RL-20	20	60±6	0.35	38±2	603.6
RR-30S RL-30S	30	96^{+12}_{-10}	0.36	25±1.5	908.6
RR-30 RL-30	30	81^{+12}_{-10}	0.405	38±2	908.6
RR-40S RL-40S	40	108^{+11}_{-10}	0.41	38±2	1213.6
RR-100 RL-100	100	92±11	1.5	38±2	1213.6

注：RR—日光色荧光灯管；RL—冷光色；S—细管形。

(6)塑料线槽

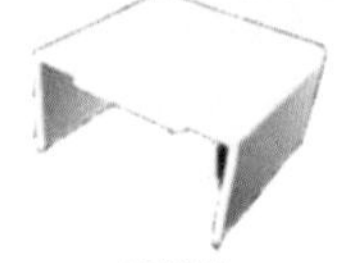

连接头

平转角

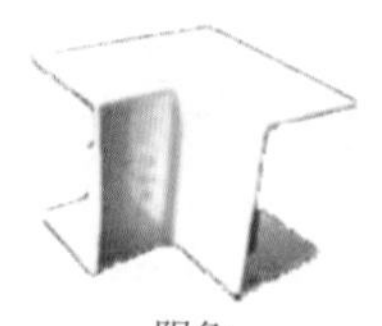

阴角

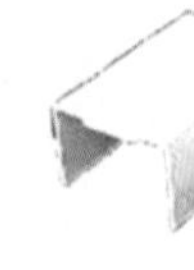

接线盒插口

阳角

平三通

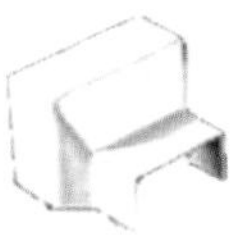

灯头盒插口

接线盒

(7)常用金具

悬垂线夹

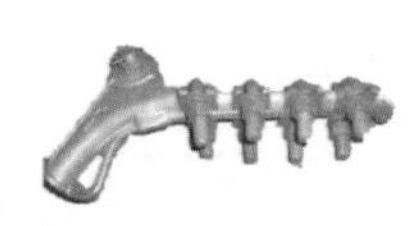

螺栓型耐张线夹

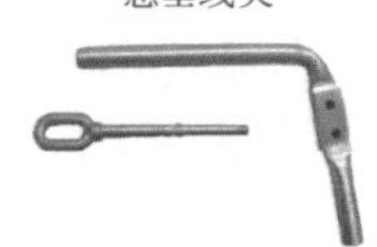

压缩型耐张线夹

NX型楔型耐张线夹

(a) Q型

(b) QP型

球头挂环

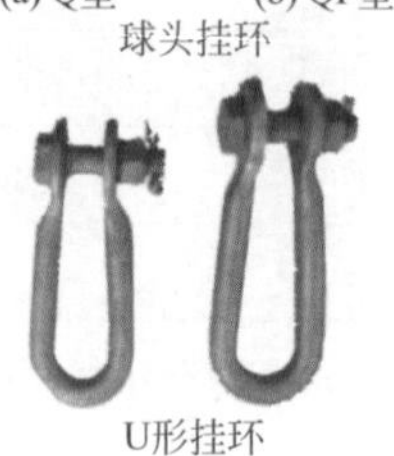

U形挂环

LL型联板　　L型联板

LK型联板

LJ型联板

LX型联板

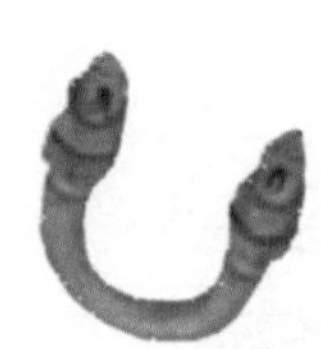

U形螺栓

(a) PH型

(b) ZH型

挂环

紧线器 横担

拉线抱箍 杆顶头

(a) W型 (b) WS型

碗头挂板

拉线棒

地锚垫圈

拉线地锚

（8）常用绝缘子

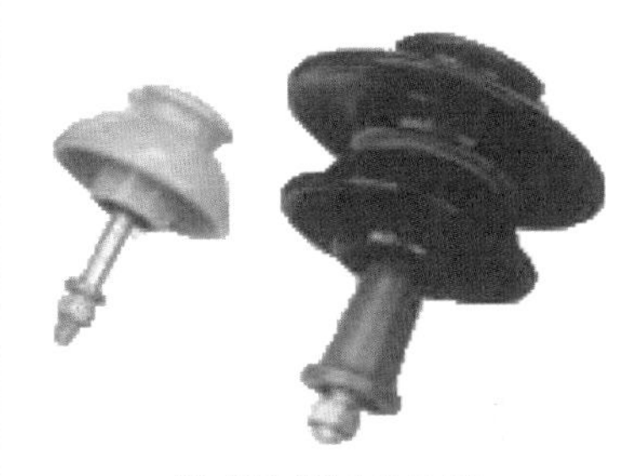

针式绝缘子的外形

注：PD—低压线路针式绝缘子，其后所带数字为形状尺寸序数。

“1”号为尺寸最大的一种，T、M、W 分别表示为铁担直脚、木担直脚、弯脚。

蝶式绝缘子外形

悬式绝缘子外形

1.3.2 导体

（1）OT 型接线端子规格尺寸

外形	型号	适用导线截面/mm²	紧固螺钉/mm	尺寸/mm		
				端部宽	长度	尾部宽
	OT0.5-3 OT0.5-4	0.35 ~ 0.5	3 4	6 8	14 16	1.2
	OT1-3 OT1-4	0.75 ~ 1	3 4	7.4 8.4	14.5 15.8	1.6
	OT1.5-4 OT1.5-5	1.2 ~ 1.5	4 5	8 9.8	17 19	1.9
	OT2.5-4 OT2.5-5	2 ~ 2.5	4 5	8.6 9.8	17.3 18.9	2.5
	OT4-5 OT4-6	3 ~ 4	5 6	10 12	21.4 23.8	3.4
	OT6-5 OT6-6	5 ~ 6	5 6	11.6 13.6	21.4 23.8	4.1
	OT10-6 OT10-8	8 ~ 10	6 8	14 16	28.5 31.8	5.2
	OT16-6 OT16-8	16	6 8	16	31 33	6.9
	OT25-6 OT25-8	25	6 8	16	33	7.5
	OT35-8 OT35-10	35	8 10	18	41	9.0
	OT50-8 OT50-10	50	8 10	20	50	11
	OT70-8 OT70-10	70	8 10	22	55	13
	OT90-10 OT90-12	90	10 12	24	60	14.5

（2）IT、UT 型接线端子规格尺寸

外形	型号	适用导线截面/mm²	尺寸/mm		
			端部宽	长度	尾部宽
	IT1-2	1	1.9	15	1.6
	IT2.5-2	2 ~ 2.5	1.9	18	2.6
	IT4-3	3 ~ 4	2.9	21	3.2
	UT0.5-2	0.35 ~ 0.5	4.5	11	1.2
	UT1-3	0.75 ~ 1	6	14.5	1.6
	UT1-4		7.2	16	
	UT1.5-4	1.2 ~ 1.5	8	16.5	1.9
	UT1.5-5		9.5	18	
	UT2.5-4	2 ~ 2.5	8	16.8	2.6
	UT2.5-5		9	18	
	UT4-5	3 ~ 4	10	20	3.2
	UT4-6		12	21	

（3）BV、BLV型单芯线的主要技术数据

外形	标称截面/mm²	线芯结构/(n/m)	最大外径/mm	标称截面/mm²	线芯结构/(n/m)	最大外径/mm	备注
	0.2	1/0.5	1.4	10	7/1.33	6.6	只有BV型线有
	0.3	1/0.6	1.5	16	7/1.7	7.8	
	0.4	1/0.7	1.7	25	7/2.12	9.6	
	0.5	1/0.8	2.0	35	7/2.5	10.9	
	0.75	1/0.97	2.4	50	19/1.83	13.2	
	1.0	1/1.13	2.6	70	19/2.4	14.9	
	1.5	1/1.37	3.3	95	19/2.5	17.3	
	2.5	1/1.76	3.7	120	37/2.0	18.1	
	4	1/2.24	4.2	150	37/2.24	20.2	
	6	1/2.73	4.8	185	37/2.5	22.2	

（4）RVV型护套线的主要技术数据

外形	标称截面/mm²	外径/mm				
		2芯	3芯	4芯	5芯	6芯
	0.12	4.5	4.7	5.1	5.0	5.5
	0.2	4.9	5.1	5.5	5.5	6.0
	0.3	5.5	5.8	6.3	6.4	7.0
	0.4	5.9	6.3	6.8	7.0	7.6
	0.5	6.2	6.5	7.1	7.3	7.9
	0.75	7.2	7.6	8.3	9.1	9.9
	1.0	7.5	7.9	9.1	9.5	10.4
	1.5	8.2	9.1	9.9	10.4	11.4
	2.0	10.3	11.0	12.0	12.8	14.4
	2.5	11.2	11.9	13.1	14.3	15.7
	4	12.9	14.1	15.5	—	—
	6	16.1	17.1	18.9	—	—

5）RVVP型护套屏蔽软线的主要技术数据

外形	标称截面/mm²	外径/mm				
		2芯	3芯	4芯	5芯	6、7芯
	0.03	3.2	3.4	3.6	3.8	4.1
	0.06	3.9	4.0	4.8	5.1	5.8
	0.12	4.2	4.8	5.5	5.9	6.3
	0.2	5.0	5.5	5.9	6.4	6.8
	0.3	5.9	6.2	6.7	7.2	7.8
	0.4	6.3	6.6	7.2	7.8	8.9
	0.5	6.6	6.9	7.5	8.5	9.2
	0.75	7.6	8.4	9.1	10.2	11.0
	1.0	7.9	8.8	9.8	10.6	11.5
	1.5	9.0	9.8	10.6	-	-

1.3.3 常用绝缘材料

（1）常用电工薄膜的型号、规格

部分产品外形	类别	型号	耐热等级
聚氯乙烯薄膜	聚丙烯薄膜	6010	A
	聚酯薄膜	6020	E
	聚酰亚胺薄膜	6020	C
	聚氯乙烯（带）薄膜		Y
	聚四氟乙烯薄膜	SFM-3	C
		SFM-4	
聚四氟乙烯薄膜	聚萘酯薄膜		F
	芳香族聚酰胺薄膜		H
	全氟乙丙烯薄膜		C
	聚苯乙烯薄膜		Y以下
	聚乙烯薄膜		Y以下

(2)电工用胶粘带品种和规格

部分产品外形	产品名称	厚度/mm
聚酯薄膜胶	聚乙烯薄膜粘带	0.22 ～ 0.26
	聚乙烯薄膜纸粘带	0.10
	聚氯乙烯薄膜粘带	0.14 ～ 0.19
	聚酯薄膜胶粘带	0.055 ～ 0.17
有机硅玻璃粘带	聚酰亚胺薄膜粘带	0.045 ～ 0.07
	聚酰亚胺薄膜粘带	0.05
	环氧玻璃粘带	0.17
	有机硅玻璃粘带	0.15
	硅橡胶玻璃粘带	—
	自粘性硅橡胶带	—
	自粘性丁基橡胶带	—

(3)漆绸、漆布和玻璃漆布的特性及用途

外形	产品名称	型号	标称厚度/mm	耐热等级
油性漆布	油性漆布(黄漆布)	2010 2012	0.15~0.24 0.17~0.24	A
	油性漆绸(黄漆绸)	2210 2212	0.04~0.15 0.08~0.15	A
	油性玻璃漆布	2412	0.11~0.24	E
	沥青酸醇玻璃漆布	2430	0.11~0.24	B
醇酸玻璃漆布	醇酸玻璃漆布	2432	0.11~0.24	B
	醇酸薄玻璃漆布		0.04~0.08	B
	环氧玻璃漆布	2433	0.13~0.17	B
	有机硅玻璃漆布	2450	0.06~0.13 0.15~0.24	H
	有机硅薄玻璃漆布			H
	硅橡胶玻璃漆布	2550	0.1,0.23	H
	聚酰亚胺玻璃漆布	2560	0.10~0.20	C

注：各种漆布的标定断裂伸长率(沿径向45°±1°)如下：油性漆布为6%；油性漆绸为20%；醇酸玻璃漆布和沥青醇酸玻璃漆布为15%；油性玻璃漆布和有机硅玻璃漆布为10%。

(4)绝缘漆管名称和型号

部分产品外形	产品名称	型号	耐热等级
黄蜡管	油性漆管	2710	A
	油性玻璃漆管	2714	E
	聚氨酯涤纶漆管		E
	醇酸玻璃漆管	2730	B
	聚氯乙烯玻璃漆管	2731	B
	有机硅玻璃漆管	2750	H
	硅橡胶玻璃丝管	2751	H

(5)层压管的名称和型号

部分产品外形	产品名称	型号	耐热等级
酚醛纸管	酚醛纸管	3520	E
		3522	
		3523	
环氧酚醛玻璃布管	酚醛布管	3526	E
	环氧酚醛玻璃布管	3640	B-F
	有机硅玻璃布管	3650	H

第2章

配电线路的安装

2.1 低压架空线路的安装

2.1.1 电杆的安装

（1）挖杆坑

杆坑分为圆形杆坑和梯形杆坑。圆形杆坑用于不带卡盘或底盘的电杆。

圆形杆坑

（2）竖杆

竖杆机具主要由三根钢管制成的活动三脚架，其吊钩通过顶部的滑轮组与主杆上的双速绞磨连接。

竖杆

（3）埋杆

回填土时，应将土块打碎，并清除土中的树根、杂草，每回填500mm土时，就夯实一次。回填土后的电杆基坑应设置防沉土层。土层上部不宜小于坑口面积；土层高度应超出地面300mm。

埋杆

2.1.2 导线的固定

（1）导线在蝶形绝缘子上的绑扎

1）直线段导线的绑扎

① 把导线紧贴在绝缘子颈部嵌线槽内，把扎线一端留出足够在嵌线槽子绕一圈和导线上绕10圈的长度，并使扎线与导线成X状相交。

X状交叉

② 把扎线从导线右下侧线嵌线槽背后至导线左边下侧，按逆时针方向围正面嵌线槽，从导线右边上侧绕出，接着将扎线贴紧并围绕绝缘子嵌线槽背后至导线左边下侧。

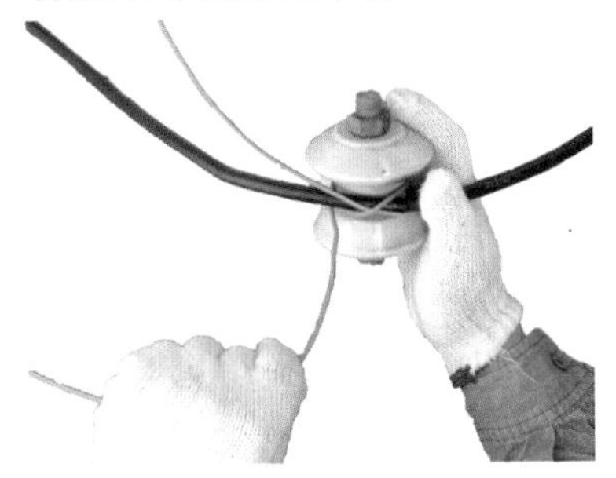

绕绝缘子缠绕

③ 在贴近绝缘子处开始，将扎线在导线上紧缠 10 圈后剪除余端。

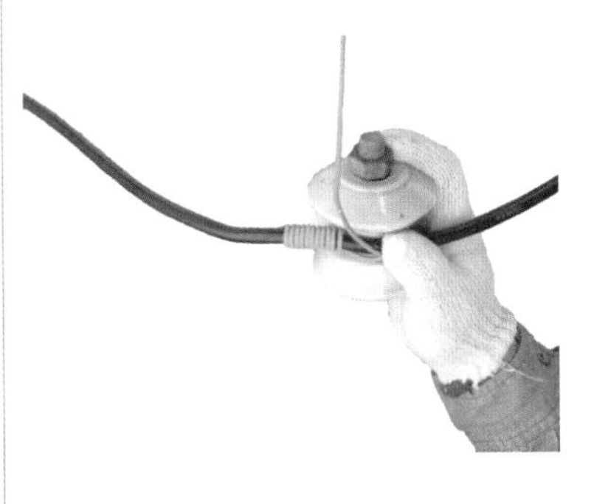

一端缠绕

④ 把扎线的另一端围绕嵌线槽背后至导线右边下侧，也在贴近绝缘子处开始，将扎线在导线上紧缠 10 圈后剪除余端。

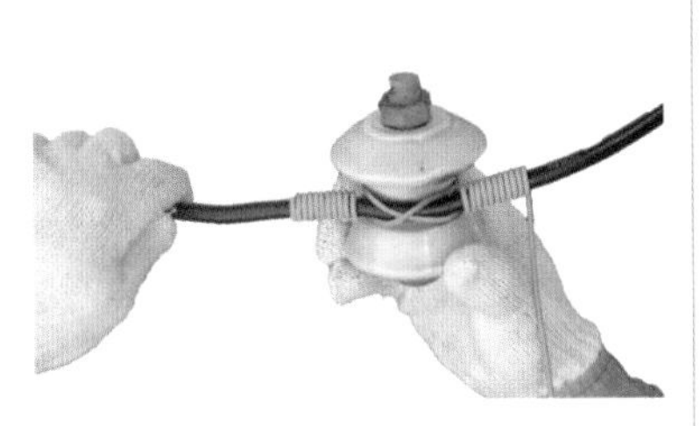

另一端缠绕

2）始终端支持点在蝶形绝缘子上的绑扎

① 把导线末端先在绝缘子嵌线槽内围绕一圈。

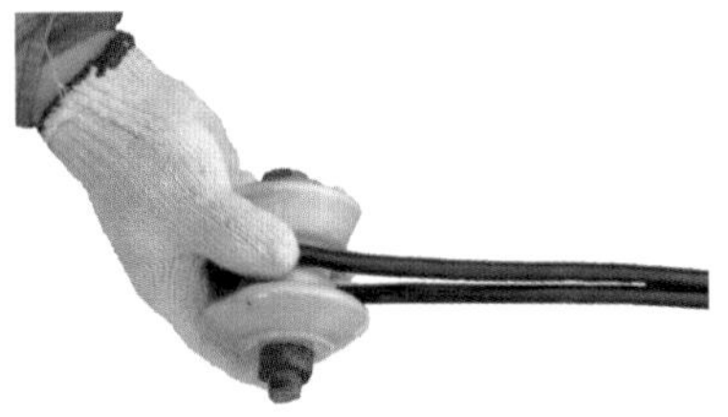

导线缠绕绝缘子

② 把扎线短的一端从两导线中间拉过来。

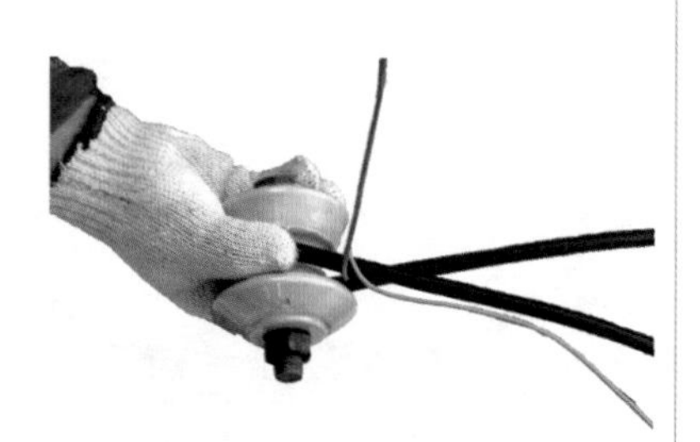

从导线中间拉过扎线短头

③ 把扎线长的一端在贴近绝缘子处，缠绕 4 圈后，将扎线短一端压入并合处的凹缝中。

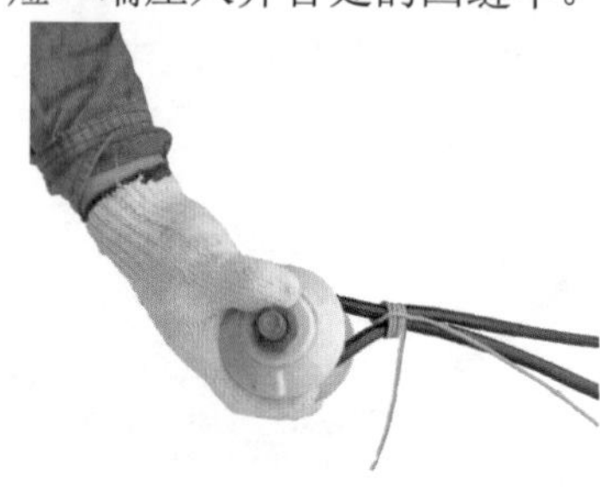

压住短头

④ 扎线长的一端继续缠绕 10 圈，与短的一端互绞 2 圈，钳断余端，并紧贴在两导线的夹缝中。

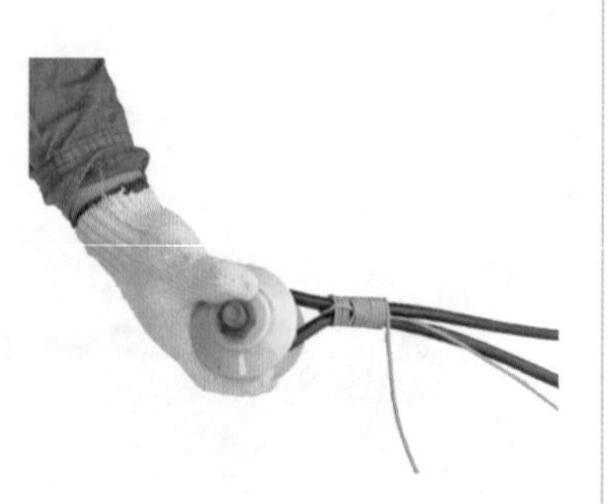

长头绕10圈

(2)导线在针式绝缘子上的绑扎

1）直线杆顶绑法

① 把导线嵌入绝缘子顶嵌线槽内，并在导线右端加上扎线，扎线在导线右边贴近绝缘子处紧绕 3 圈。

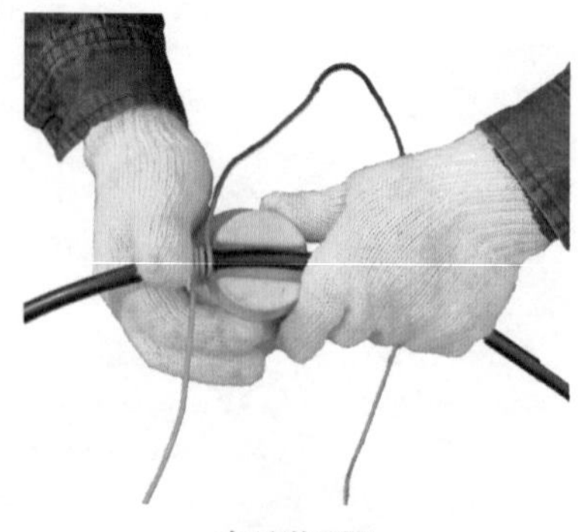

右端绕3圈

② 接着把扎线长的一端按顺时针方向从绝缘子颈槽中围绕到导线左边下侧，并贴近绝缘子在导线上缠绕 3 圈。

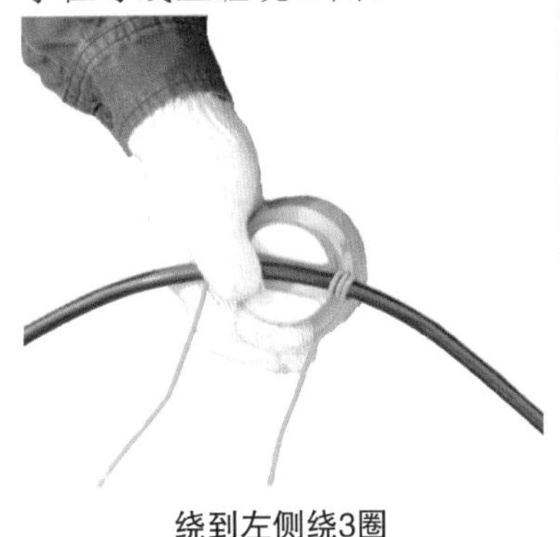

绕到左侧绕3圈

③ 按顺时针方向围绕绝缘子颈槽到导线右边下侧，并在右边导线上缠绕 3 圈（在原 3 圈扎线右侧）。

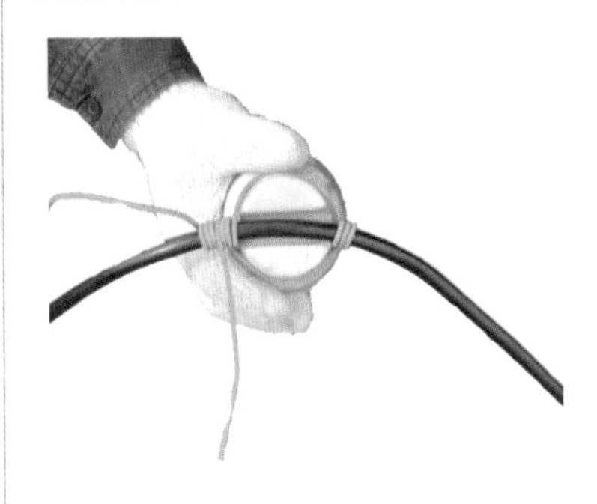

绕回右侧再绕3圈

1 2
3 4

④ 再围绕绝缘子颈槽到导线左边下侧，继续缠绕导线 3 圈（也排列在原 3 圈左侧）。

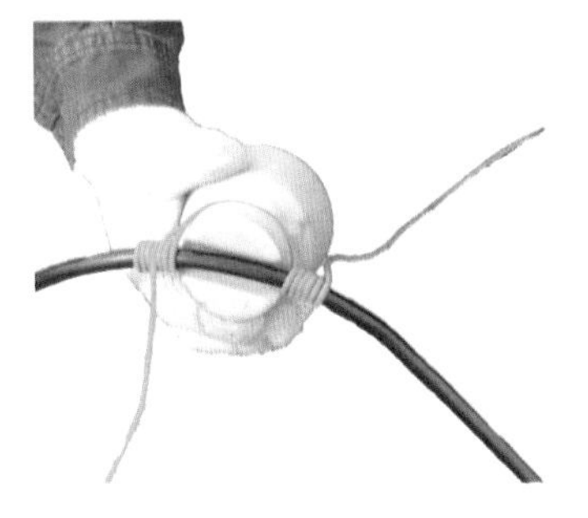

在左再侧绕3圈

⑤ 把扎线围绕绝缘子颈槽从右边导线下侧斜压住顶槽中的导线，并将扎线放到导线左边内侧。接着从导线左边下侧按逆时针方向的顶部绑扎围绕绝缘子颈槽到右边导线下侧。

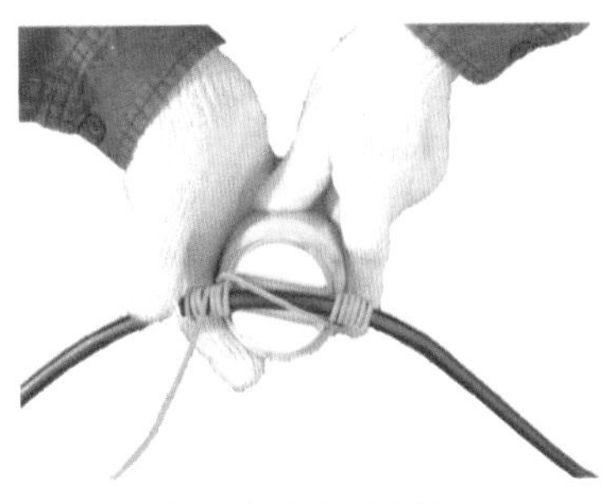

从右向左压住导线

⑥ 然后把扎线从导线右边下侧斜压住顶槽中导线，并绕到导线左边下侧，使顶槽中导线被扎线压成 X 状。

再从右向左压住导线

⑦ 最后将扎线从导线左边下侧按顺时针方向围绕绝缘子颈槽到扎线的另一端，相交于绝缘子中间，并互绞 6 圈后剪去余端。

导线在绝缘子上的固定绑扎前需在铝绞线上包缠一层保护层，包缠长度以两端各伸出绑扎处 20mm 为准。

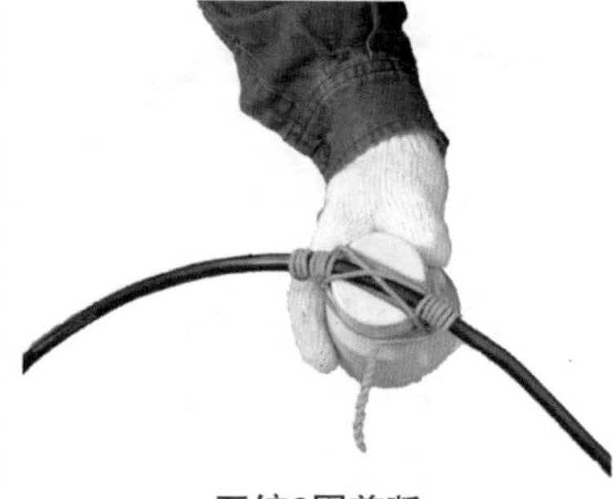
互绞6圈剪断

1 2
3 4

2）转角杆侧绑法

① 把扎线短的一端在贴近绝缘子处的导线右边缠绕 3 圈，然后与另一端扎线互绞 6 圈，并把导线嵌入绝缘子颈部嵌线槽内。

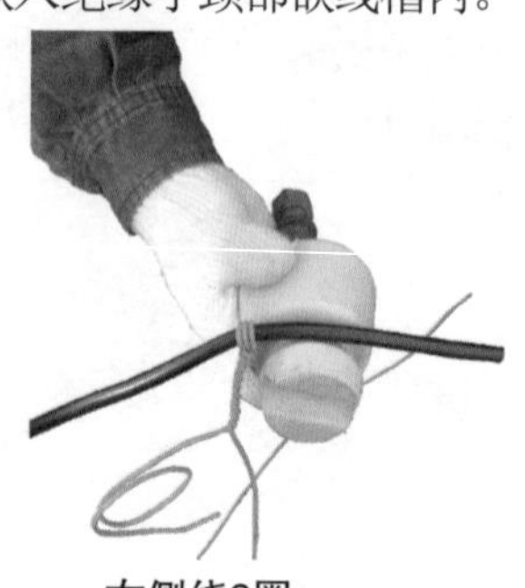
右侧绕3圈

② 接着把扎线从绝缘子背后紧紧地绕到导线的左下方。

绕到左边

③ 接着把扎线从导线的左下方围绕到导线右上方，并如同上法再把扎线绕绝缘子 1 圈。

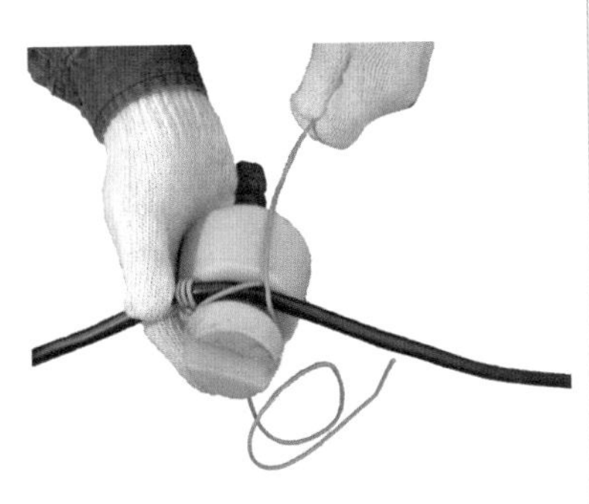

右边缠1圈

④ 然后把扎线再围绕到导线左上方。

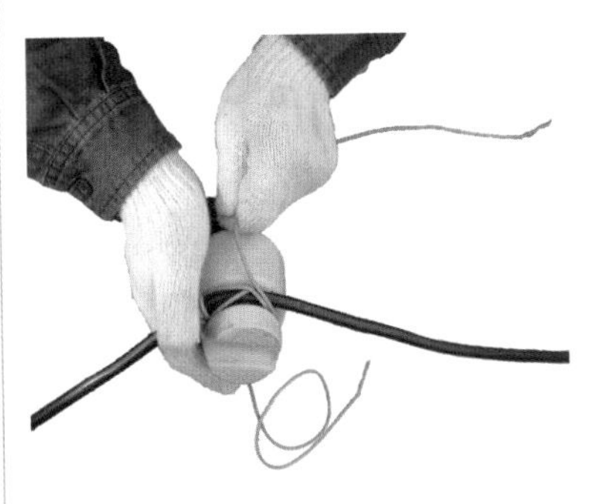

绕回左上方

⑤ 继续将扎线绕到导线右下方，使扎线在导线上形成 X 形的交绑状。

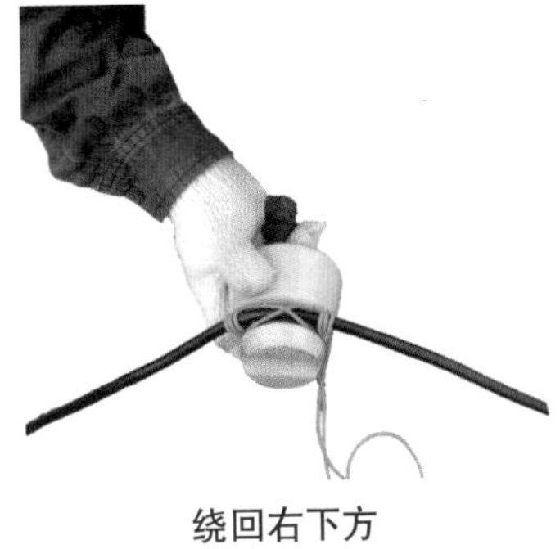

绕回右下方

⑥ 最后把扎线围绕到导线左上方，并贴近绝缘子处紧缠导线 3 圈后，向绝缘子背部绕去，与另一端扎线紧绞 6 圈后，剪去余端。

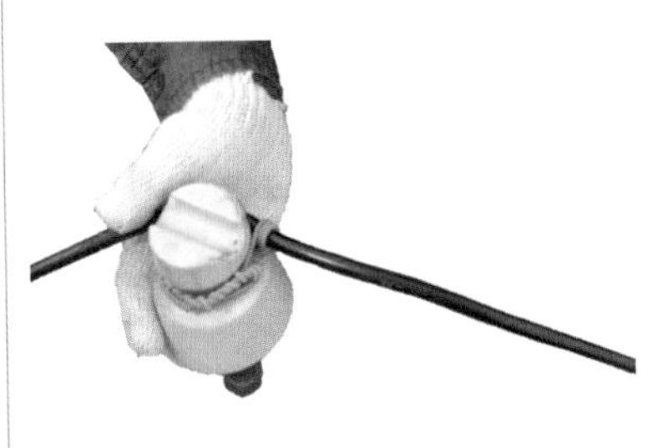

最后缠6圈贴紧绝缘子

2.1.3 低压进户装置的安装

(1)常用进户方式

进户点离地垂直高度低于2.7m，而接户点高于2.7m，用绝缘电线穿套线管，或用塑料护套线穿套瓷管进户。

常见进户方式

(2)进户管的安装

进户管按导线粗细来选配，一般以导线截面积（包括绝缘层）占管有效截面积的40%左右为选用标准，但最小的管径不可小于16mm。安装时，管户外一端应稍低，以防雨水灌进户内。

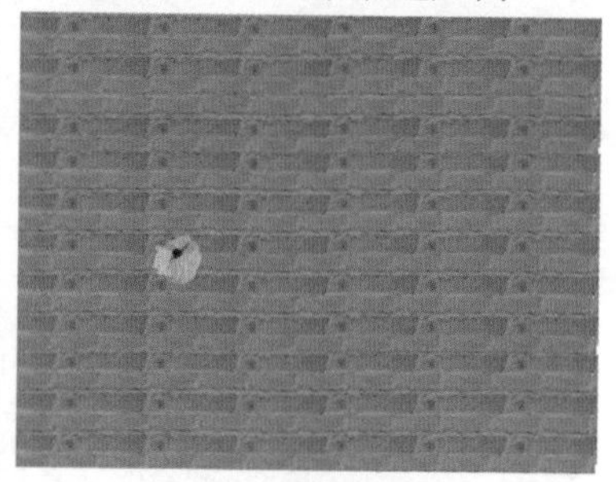

进户管的安装

(3)绝缘子安装

绝缘子的安装等于或高于2.7m。选择合适的位置打孔并将木榫打入孔内。

木方穿过抱箍，然后用铁钉固定在砖墙的上。

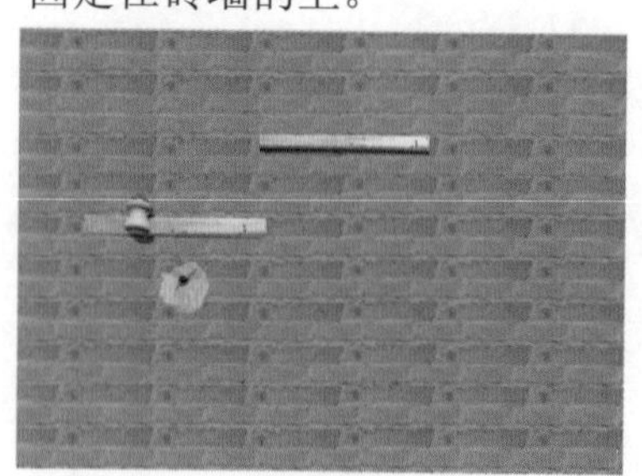

绝缘子安装

(4)接户线安装

导线的绑扎按“始终端支持点在蝶形绝缘子上的绑扎”方法进行。

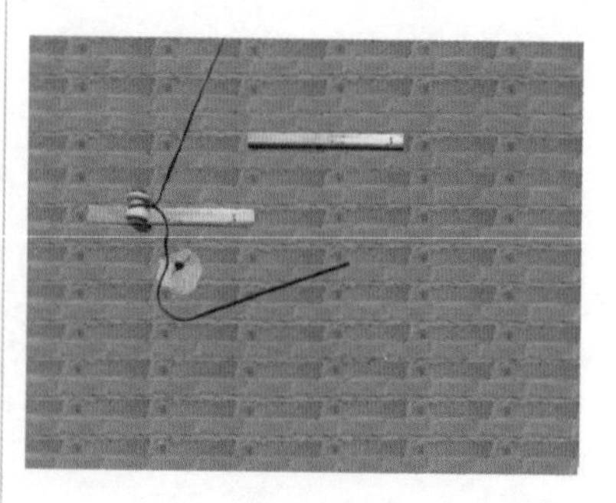

接户线安装

(5) 配电箱安装

① 配电箱固定在木方上，木方固定在砖墙的木榫上。配电箱的进出线孔应在下侧。

配电箱墙上安装

② 配电箱杆上安装使用卡箍固定，其进线、引出线都要使用塑料保护管，保护管上端用弯头以防雨水侵入。

配电箱杆上安装

(6) 进户线安装

进户线由进户管穿出，与电源线同孔穿入配电箱时，两线应分别缠绕绝缘。

进户线的安装

2.2 电缆敷设

2.2.1 直埋敷设

(1) 挖电缆沟

① 挖电缆沟时应考虑沟的弯曲半径应满足电缆弯曲半径的要求。沟的深度为0.8m以上，横断面呈上宽(比底约宽200mm)下窄形状。沟宽视电缆的根数而定，单根电缆一般为400~500mm，两根电缆为600mm左右。

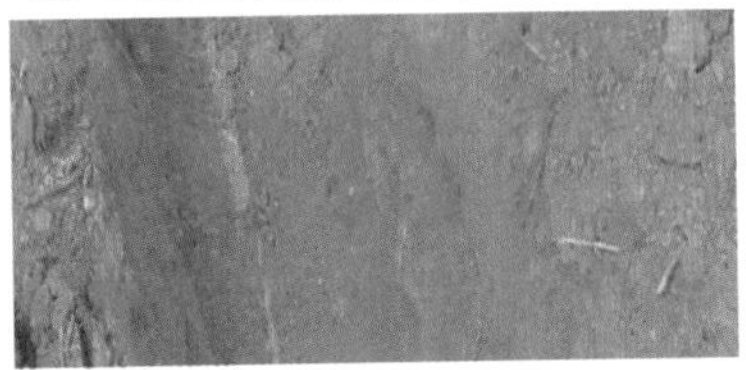

电力电缆沟挖法

② 10kV 以下的电缆，相互的间隔应保证在 100mm 以上。每增加一根电缆，沟宽加大 170 ～ 180mm。

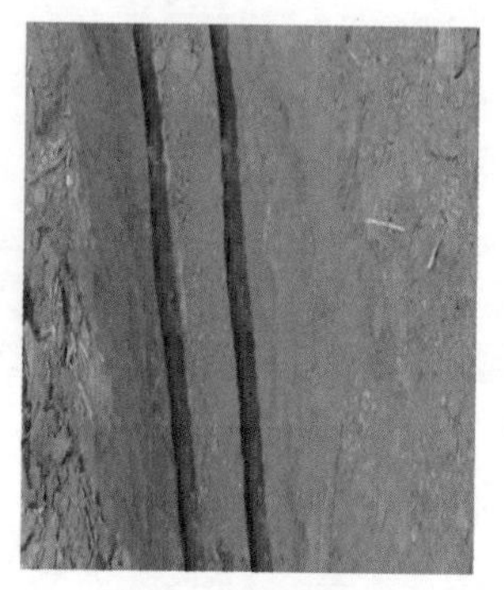
电力电缆间距

(2) 直埋电缆敷设工艺

① 直埋电缆敷设前，应在铺平夯实的电缆沟先铺一层 100mm 厚的细砂或软土，作为电缆的垫层。

电缆沟距自然地面距离

② 电缆放好后，上面应盖一层 100mm 的细砂或软土。

电缆上面盖细砂

③ 砂土上面应加盖保护板，防止外力损伤电缆。覆盖保护板的宽度应超过电缆两侧各 50mm。

在电缆上面盖砖

④ 电缆在弯曲的地方，应做成圆弧，其曲率半径不应小于下值。

电缆的曲率半径

橡胶绝缘或塑料绝缘电缆	曲率半径为电缆外径的倍数
有金属屏蔽层	多芯8，单芯10
无金属屏蔽层	多芯6，单芯8
铠装	12

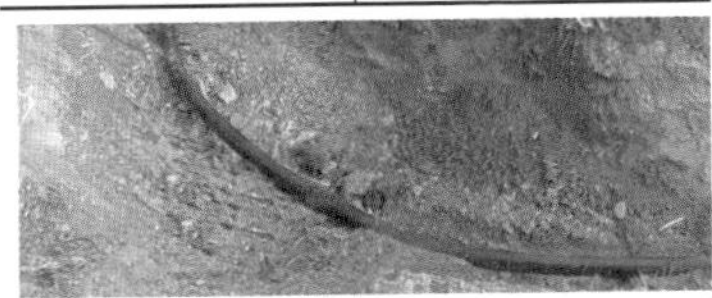

电缆拐弯的做法

⑤ 电缆沟应分层夯实，覆土要高出地面150～200mm，以备松土沉陷。

电缆覆土的做法

⑥ 直埋电缆在拐弯、接头、终端和进出建筑物等地段，应装设标桩，桩露出地面一般为0.15m。

电缆标桩的设置

（3）电缆的敷设方法

先将电缆稳妥地架设在放线架上，从线盘的上端放出。逐渐松开放在滚轮上，用人工或机械向前牵引。电缆敷设的最低温度不应低于下表值。

电缆敷设允许最低温度

电缆类型	电缆结构	允许最低温度/℃
橡胶绝缘	橡胶或聚氯乙烯护套	–15
	裸铅套	–20
	铅护套钢带铠装	–7
塑料绝缘		0
控制电缆	耐寒护套	–20
	橡胶绝缘聚氯乙烯护套	–15
	聚氯乙烯绝缘聚氯乙烯护套	–10

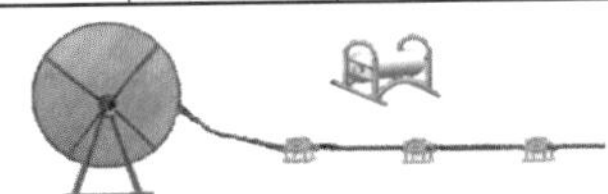

人力牵引滚轮展放电缆示意图

2.2.2 电缆槽板敷设

（1）吊架的安装

① 吊架的固定可以采用膨胀螺栓或预埋螺栓。

预埋螺栓

② 吊架用铁板固定。用连接板连接。

连接方法

（2）吊架位置

吊点的距离应根据工程具体条件确定，一般在直线段固定间距不应大于3m，在线槽的首端、终端、分支、拐角、接头及进出接线盒处应不大于0.5m。

（3）槽板连接

1）变宽

连接两段不同宽度的托盘，桥架可配置变宽连接板。

电缆桥架变宽做法

2）变高

连接两段不同高度的托盘，桥架可配置变高连接板。

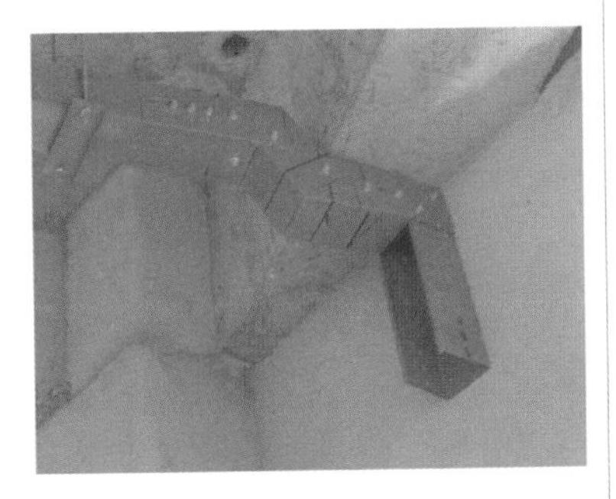

3）过墙

电缆桥架过墙时应在墙上开方孔，并采取防火措施。

电缆桥架隔板做法

2.2.3 电缆的其他敷设方法

（1）保护管敷设

1）电缆进入建筑物

电缆进入建筑物内使用保护管敷设。保护管伸出建筑物散水坡的长度不应小于250mm。

电缆进入建筑物

2）弯曲要求

一根电缆保护管的弯曲处不应超过3个，直角弯不应超过2个。弯曲处不应有裂缝和显著的凹痕现象，管弯曲处的弯扁程度不宜大于管外径的10%。

弯曲要求

3）穿越路面

敷设在铁路、公路下的保护管深度不应小于1m，管的长度除应满足路面的宽度外，还应在两端各伸出2m。

穿越路面

4）墙（柱）上安装

并列敷设的电缆管管口应排列整齐。

墙（柱）上安装

5）地下引至电杆

电缆由电缆沟道引至电杆，应在距地高度2m以下的一段穿钢管保护，管的下端埋入深度不应小于250mm。

地下引至电杆

6）管口做法

保护管的管口处应无毛刺和尖锐棱角，管口应做成喇叭口形。还可以用塑料护口。

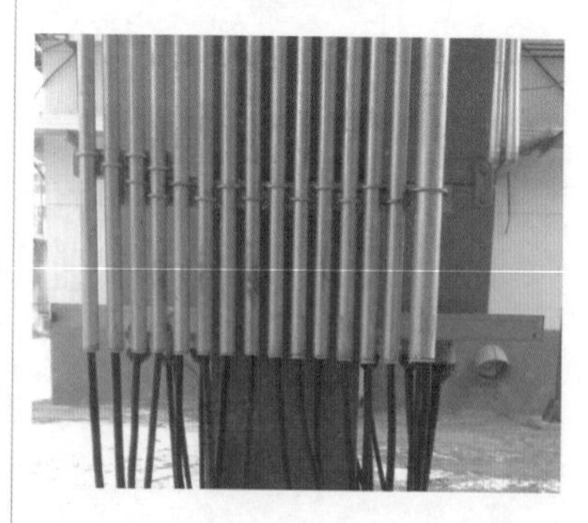

管口做法

7）电缆与架空线路的连接

电缆引出地面应采用保护管，保护管以上部分采用支架固定，电缆头应采取防雨措施。

电缆与架空线路连接

(2)室内电缆明敷设

1）沿墙扁钢卡子固定

可使用 30×3 镀锌扁钢卡子固定。

沿墙扁钢卡子固定

1 2

3 4

2）沿墙管夹固定

也可用管夹固定。支撑点距离 1.0m。

沿墙管夹固定

3）沿墙挂钩固定

电缆沿墙吊挂安装使用挂钉和挂钩吊挂，不能超过三层。吊挂安装电力电缆挂钉间距为1m。

沿墙挂钩固定

2.2.4 干包电缆头的制作

（1）准备工作

① 量取需要长度，用壁纸刀切掉外绝缘层。注意用力适当，以免切坏绝缘。

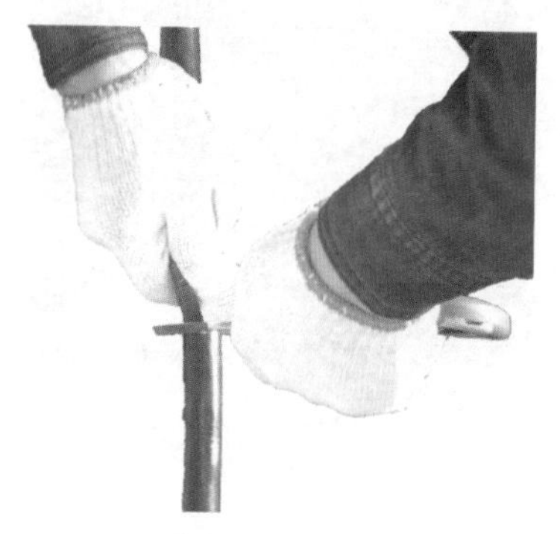

切掉外绝缘层

② 切掉填充物，适当保留一些，以作填充用。

切掉填充物

1 2
3 4

（2）制作

① 掰开线芯使其保持一定距离。

掰开线芯

② 将填充物在线芯之间穿插一次，使线芯隔开。剩下的缠绕在线芯外侧做填充。

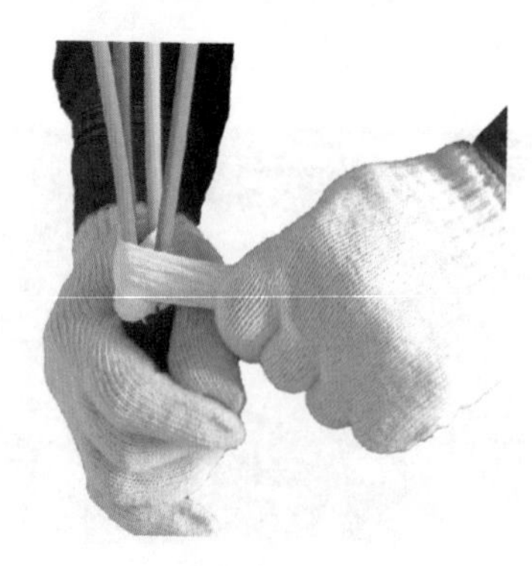

缠绕填充物

③ 绝缘带在电缆外绝缘层两个绝缘带宽度开始缠绕。

位置确定

④ 半搭紧密缠绕，最后形成萝卜头形状。

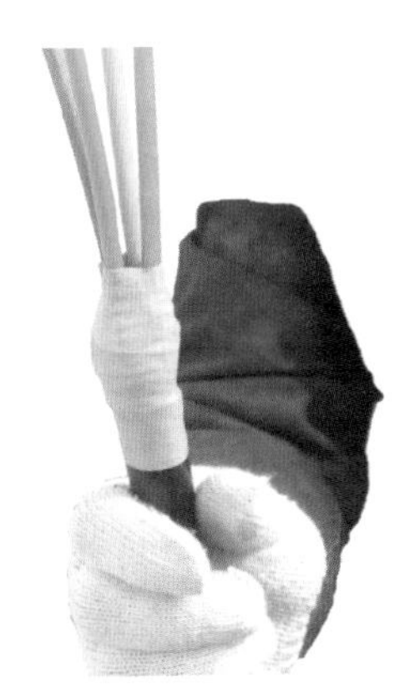

缠绕紧密

2.2.5 配电箱的安装

(1)箱体安装

① 新建工程与土建配合施工，将电线管和配电箱同时预埋。

预埋

② 改造房屋用钎子凿孔并用水泥砂浆抹平。

凿孔暗装

(2)配线

① 穿线后先连接滑板下导线。

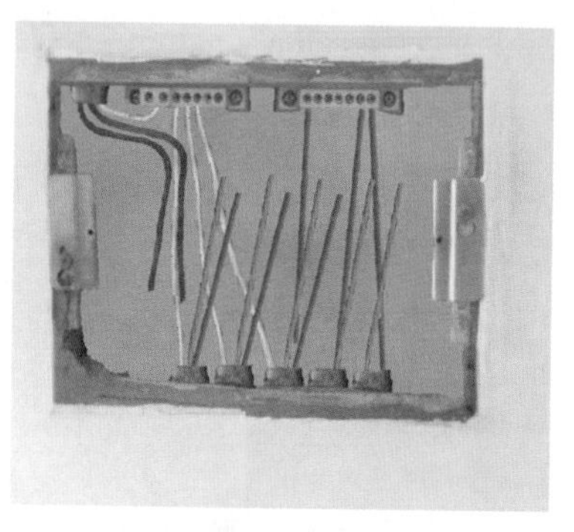

连接滑板下导线

② 安装滑板时注意把不能固定的导线放在下面，然后把断路器插入滑板。总电源在左侧。

安装断路器

③ 相线从总电源直接接在第一个分断路器上，零线先接在端子上由端子引回接在第一个断路器上。

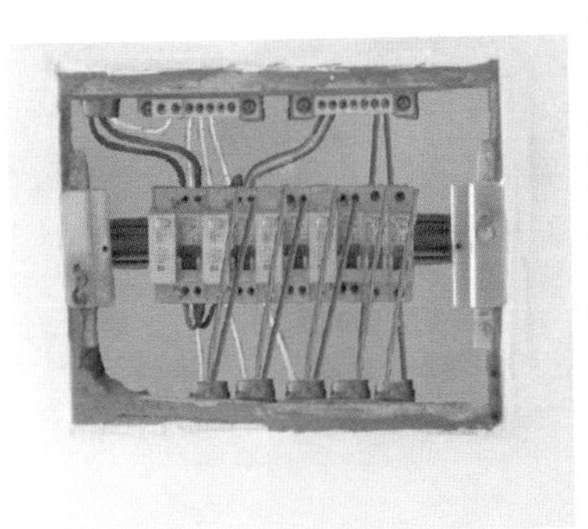

总电源接线

④ 螺钉拧紧防止虚接。

分断路器并线连接

1 2
3 4

⑤ 按照设计要求回路正确接线。

与负荷连接

⑥ 最后安装面罩。如果可能应在每一回路下面写上回路名称。

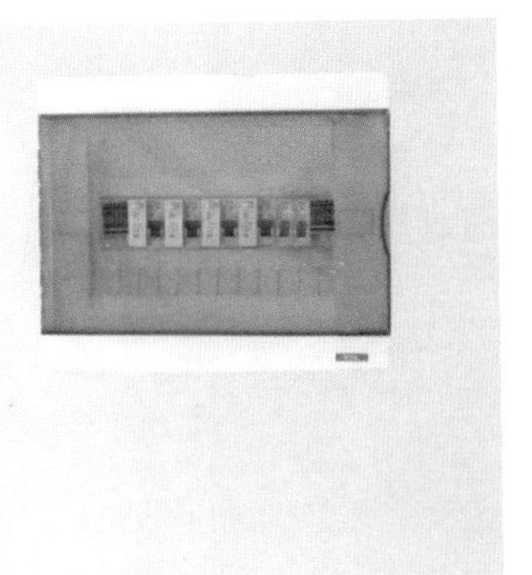

第3章

室内配线

3.1 器具盒位置的确定

3.1.1 跷板（扳把）开关盒位置确定

（1）一般盒位的设置

① 暗装扳把或跷板及触摸开关盒，一般应在室内距地坪1.3m处埋设，在门旁时盒边距门框（或洞口）边水平距离应为180mm。

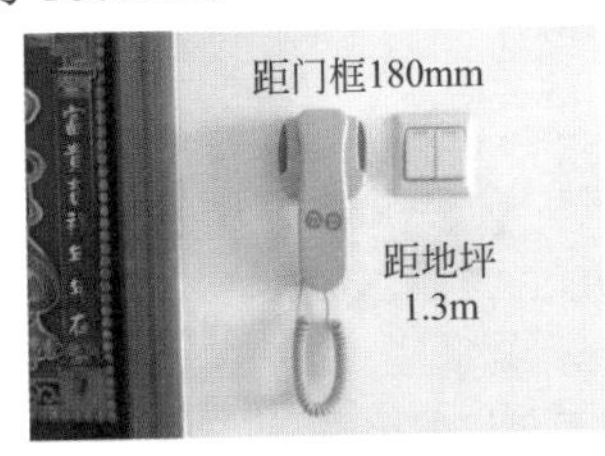

翘板开关一般位置

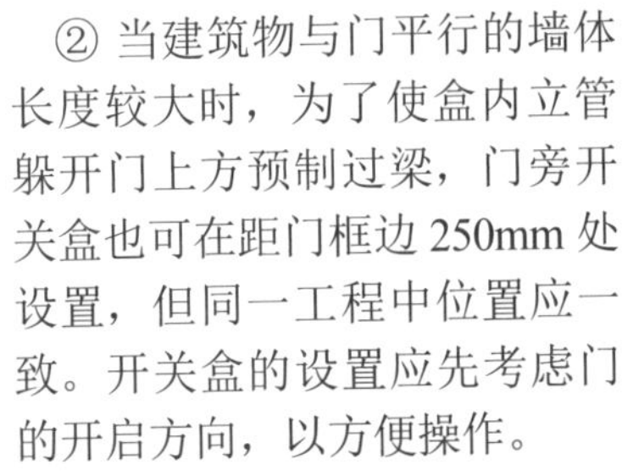

② 当建筑物与门平行的墙体长度较大时，为了使盒内立管躲开门上方预制过梁，门旁开关盒也可在距门框边250mm处设置，但同一工程中位置应一致。开关盒的设置应先考虑门的开启方向，以方便操作。

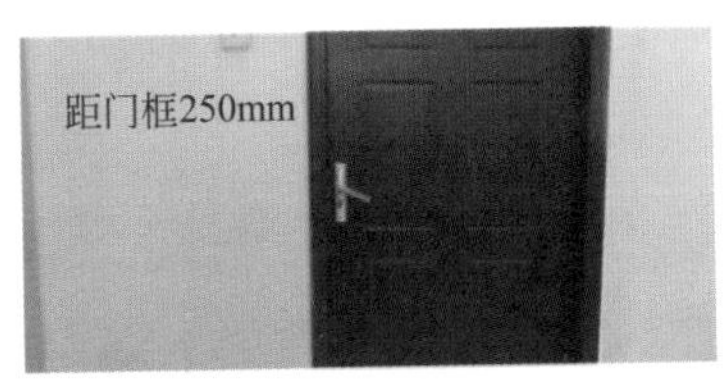

门上有过梁位置

（2）门旁有柱的设置

① 门框旁设有混凝土柱时，开关盒与门框边的距离也不应随意改变，当柱的宽度为240mm且柱旁有墙时，应将盒设在柱外贴紧柱子处。

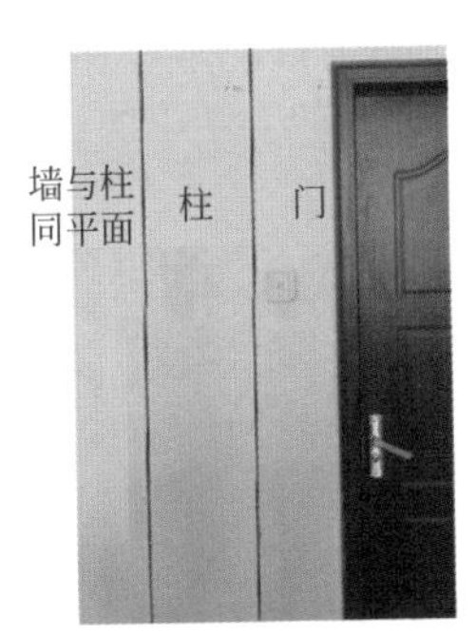

柱宽度240mm

② 当柱宽度为370mm，应将86系列（75×75×60）开关盒埋设在柱内距柱旁180mm的位置上。

柱宽度370mm

③ 当柱旁无墙或柱子与墙平面不在同一直线上时，应将开关盒设在柱内中心位置上，如果开关盒为146系列(135×75×60)，就无法埋设在柱内，只能将盒位改设在其他位置上。

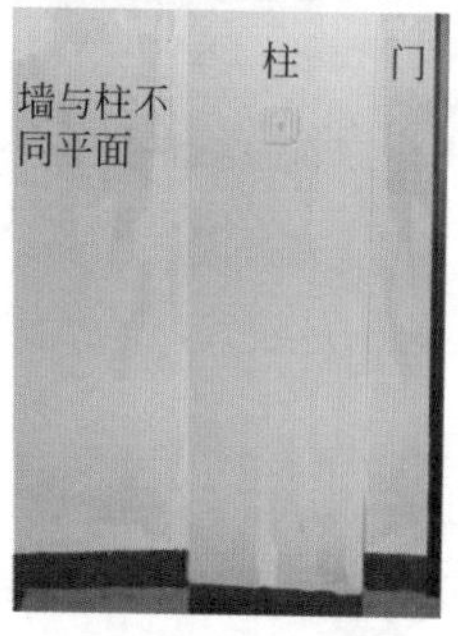

柱370mm边无墙

(3)门旁墙垛

① 在确定门旁开关盒位置时，除了门的开启方向外，还应考虑与门平行的墙躁的尺寸。设置86系列盒，最小应有370mm；设置146系列盒时，墙躁的尺寸不应小于450mm，盒也应设在墙躁中心处。如门旁墙躁尺寸大于700mm时，开关盒位就应在距门框边180mm处设置。

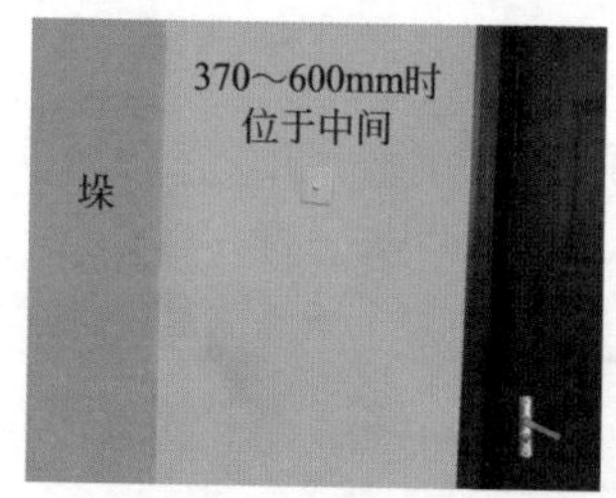

盒与门旁墙躁的位置关系

② 在门旁边与开启方向相同一侧的墙躁小于370mm，且有与门垂直的墙体时，应将开关盒设在此墙上，盒边应距与门平行的墙体内侧250mm。

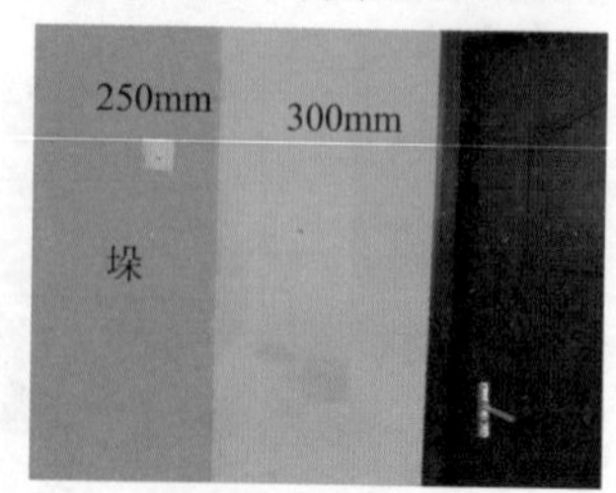

盒边距墙250mm

③ 在与门开启方向一侧墙体上无法设置盒位，而在门后有与门垂直的墙体时，开关盒应设在距与门垂直的墙体内侧1m处，防止门开启后开关被挡在门后。

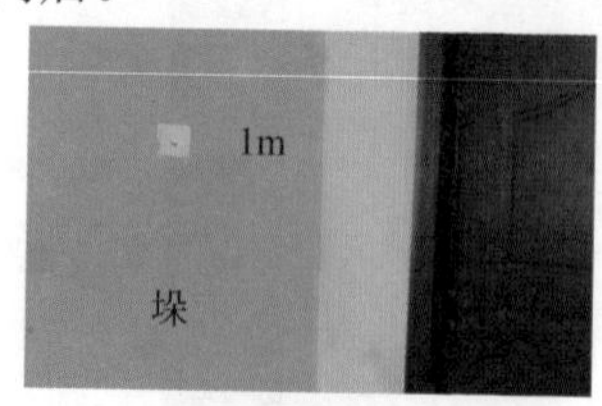

盒边距墙1m

（4）门后拐角墙

① 当门后有拐角长为1.2m墙体时，开关盒应设在墙体门开启后的外边，距墙拐角250mm处。

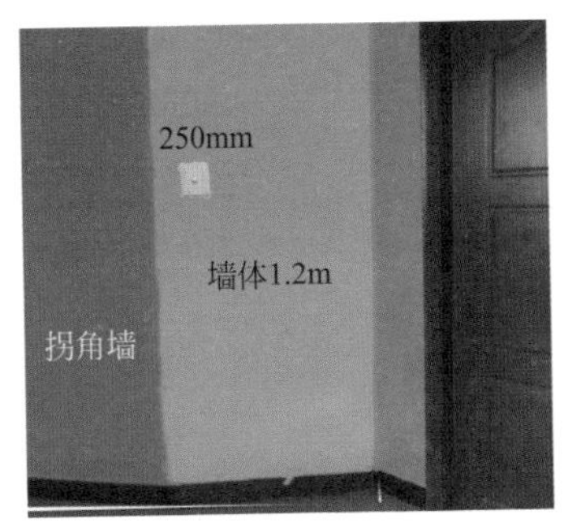

拐角墙长1.2m

② 当此拐角墙长度小于1.2m时，开关盒设在拐角另一面的墙上，盒边距离拐角处250mm。

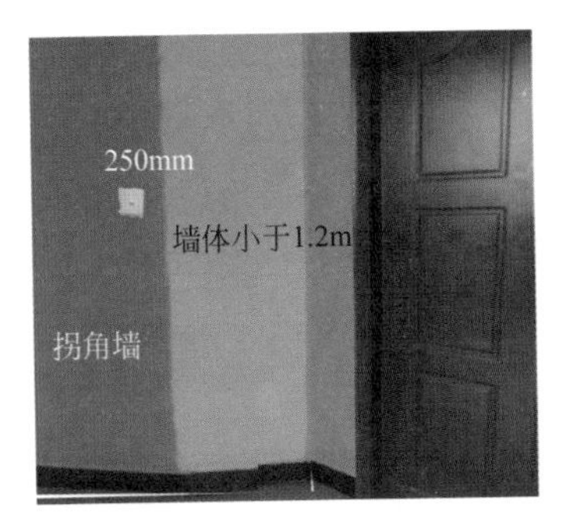

拐角墙长小于1.2m

（5）两门中间墙体

① 建筑物两门中间墙体宽为0.37～1.0m范围内，且此墙处设有一个开关位置时，开关盒宜设在墙跺的中心处。

中间墙体宽为0.37～1.0m

② 若两门中间墙体超过1.2m时，应在两门边分别设置开关盒，盒边距门180mm。

中间墙体宽大于1.2m

(6)楼梯间

楼梯间的照明灯控制开关，应设在方便使用和利于维修之处，不应设在楼梯踏步上方当条件受限制时，开关距地高度应以楼梯踏步表面确定标高。

楼梯踏步上方开关盒位置图

(7)厕所开关盒位置

厨房、厕所（卫生间）、洗漱室等潮湿场所的开关盒应设在房间的外墙处。

厕所开关盒位置图

(8)走廊开关盒位置

走廊灯的开关盒，应在距灯位较近处设置，当开关盒距门框（或洞口）旁不远处时，也应将盒设在距门框（或洞口）边180mm或250mm处。

走廊灯开关盒位置图

(9)壁灯开关盒位置

壁灯（或起夜灯）的开关盒，应设在灯位盒的正下方，并在同一垂直线上。

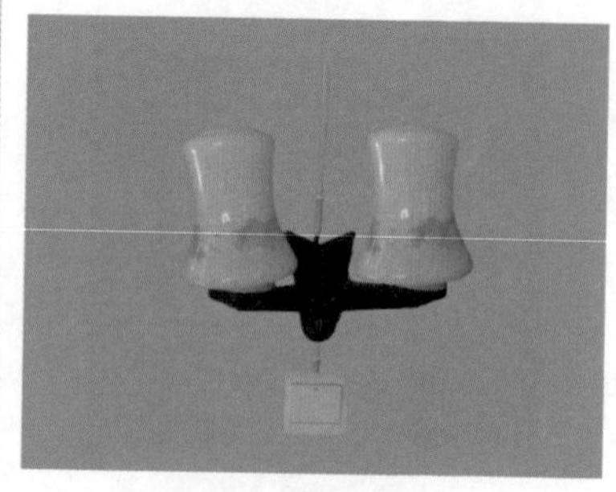

壁灯开关盒位置图

3.1.2 插座盒位置确定

(1) 民宅插座位置

① 插座盒一般应在距室内地坪1.3m处埋设，潮湿场所其安装高度应不低于1.5m。

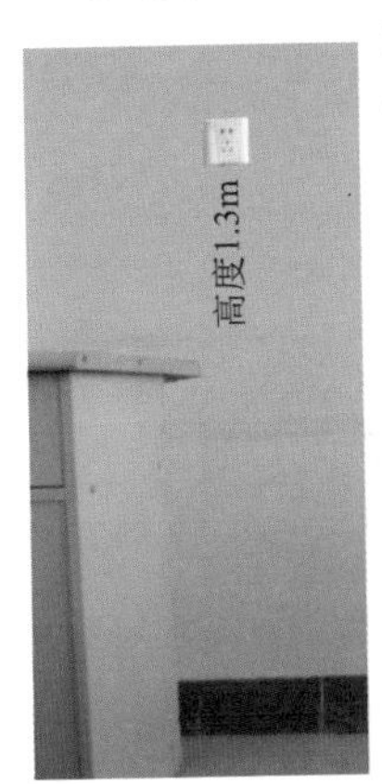

普通插座位置图

② 托儿所、幼儿园及小学校、儿童活动场所，应在距室内地坪不低于1.8m处埋设。

③ 住宅楼餐厅内只设计一个插座时，应首先考虑在能放置冰箱的位置处设置插座盒。设有多个三眼插座盒，应装在橱柜上或橱柜对面墙上。

④ 插座盒与开关盒的水平距离不宜小于250mm。

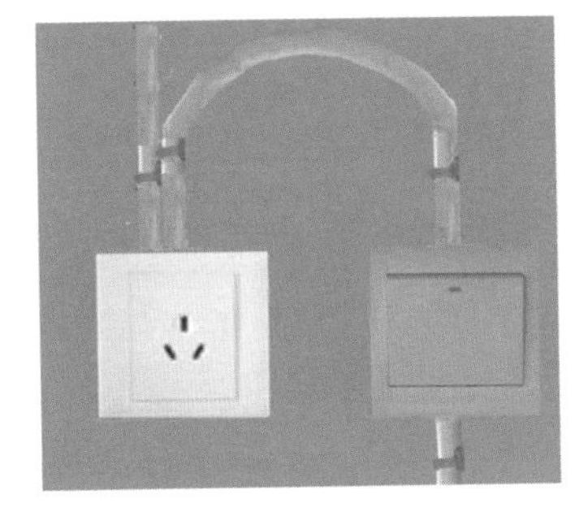

普通插座位置图

⑤ 如墙跺或柱宽为370mm时，应设在中心处，以求美观大方。

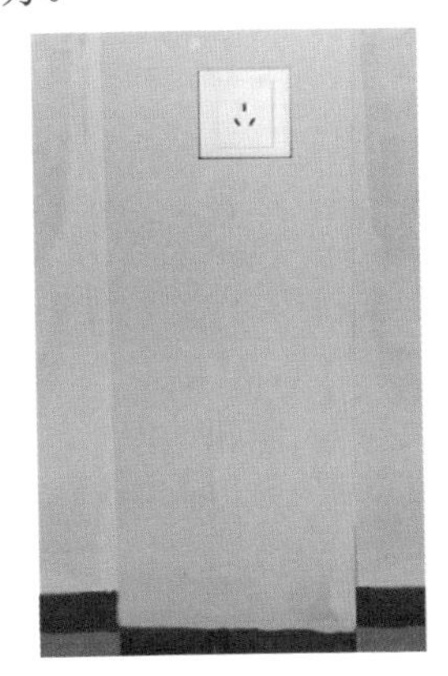

柱上插座位置图

⑥ 住宅厨房内设置供排油烟机使用是插座盒，应设在煤气台板的侧上方。

排油烟机插座位置图

(2)车间插座位置

① 在车间及实验室安装插座盒，应在距地坪不低于300mm处埋设；特殊场所一般不应低于150mm，但应首先考虑好与采暖管的距离。

② 插座盒不应设在室内墙裙或踢脚板的上皮线上，也不应设在室内最上皮瓷砖的上口线上。

③ 为了方便插座的使用，在设置插座盒时应事先考虑好，插座不应被挡在门后。

车间插座位置图

(3)注意事项

① 在跷板等开关的垂直上方，不应设置插座盒。

跷扳开关上方不能设插座盒

② 在拉线开关的垂直下方，不应设置插座盒。

拉线开关下方不能设插座盒

③ 插座盒不宜设在宽度小于370mm 墙跺（或混凝土柱）上。

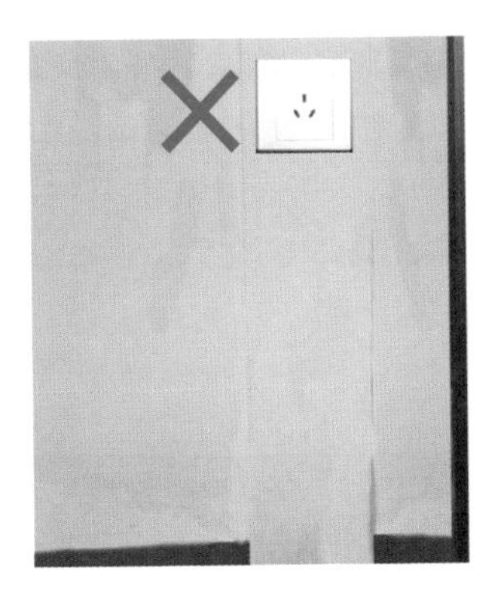

柱宽小于370mm不能设插座盒

3.1.3 照明灯具位置的确定

（1）墙柱上安装

室外照明灯具在墙上安装时，不可低于 2.5m；室内灯具一般不应低于 2.4m。

灯具柱上安装

（2）楼（屋）面板上灯位盒位置确定

① 预制空心楼板，室内只有一盏灯时，灯位盒应设在接近屋中心的板缝内。由于楼板宽度的限制，灯位无法在中心时，应设在略偏向窗户一侧的板缝内。

棚顶单灯

② 如果室内设有两盏（排）灯时，两灯位之间的距离，应尽量等于墙距离的 2 倍。如室内有梁时灯位盒距梁侧面的距离，应与距墙的距离相同。

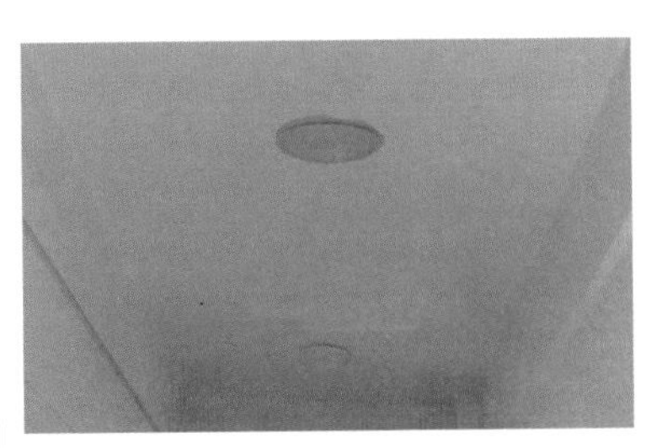

棚顶双灯

3.2 绝缘子线路配线

3.2.1 绝缘子的安装

（1）划线

用粉线袋划出导线敷设的路径，再用铅笔或粉笔划出绝缘子位置，当采用 1 ～ 2.5mm^2 截面的导线时，绝缘子间距为 600mm；采用 4 ～ 10mm^2 截面的导线时，绝缘子间距为 800mm，然后在每个开关、灯具和插座等固定点的中心处划一个“×”号。

用粉袋划线

（2）凿眼

按划线的定位点用电锤钻凿眼，孔深按实际需要而定。

用电锤打眼

（3）安装木榫或其他紧固件

埋设木榫或缠有铁丝的木螺钉，然后用水泥砂浆填平。

安装木榫

（4）安装绝缘子

当水泥砂浆干燥至相当硬度后，旋出木螺钉，装上绝缘子或木台。木结构上固定绝缘子，可用木螺钉直接旋入。

绝缘子在砖墙上安装

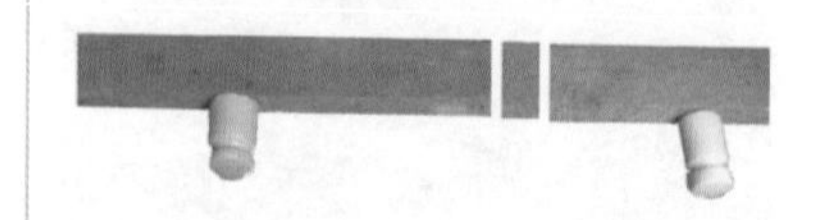

绝缘子在木结构上安装

3.2.2 导线绑扎

(1) 终端导线的绑扎

① 将导线余端从绝缘子的颈部绕回来。

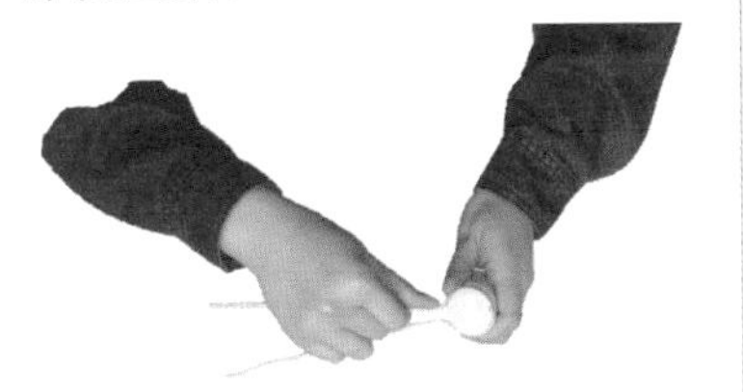

绑回头线

② 将绑线的短头扳回压在两导线中间。

压线头

③ 手持绑线长线头在导线上缠绕10圈。

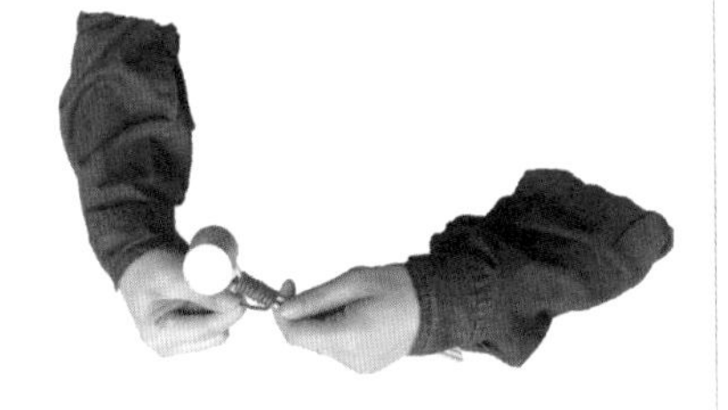

缠绕公卷

④ 分开导线余端，留下绑线短头，继续缠绕绑线5回，剪断绑线余端。绑线的线径及绑扎回数见下表。

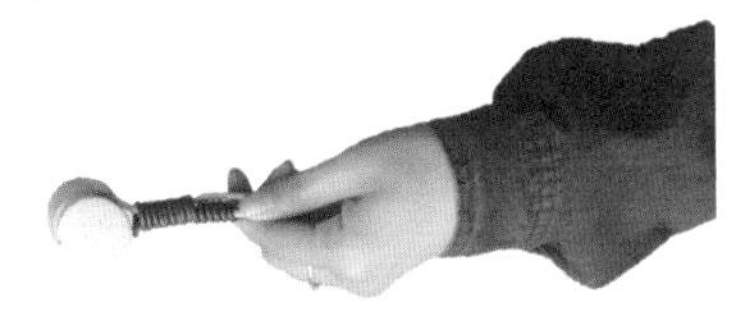

缠绕单卷

绑扎线直径选择

导线截面/mm^2	绑线直径/mm			绑线卷数	
	砂包铁芯线	铜芯线	铝芯线	公卷数	单卷数
1.5～10	0.8	1.0	2.0	10	5
10～35	0.89	1.4	2.0	12	5
50～70	1.2	2.0	2.6	16	5
95～120	1.24	2.6	3.0	20	5

(2)直线段单花绑法

① 绑线长头在右侧缠绕导线两圈。

绑扎方法选择：导线截面在 $6mm^2$ 以下的采用单花绑法，导线截面在 $10mm^2$ 以上的采用双绑法。

右侧绕两圈

② 绑线长头从绝缘子颈部后侧绕到左侧。

背后缠绕

③ 绑线长头在左侧缠绕导线两圈。

左侧绕两圈

④ 长短绑线从后侧中间部位互绞两回，剪掉余端。

后侧互绞

（3）直线段双花绑法

① 绑线在绝缘子右侧上边开始缠绕导线两回。

右侧绕两圈

② 绑线从绝缘子前边压住导线绕到左上侧。

向左压住导线

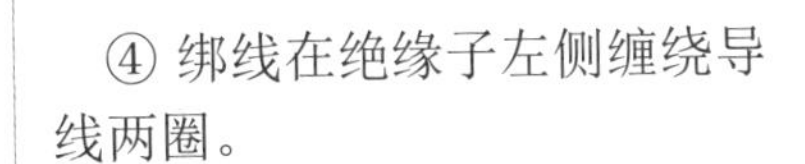

③ 绑线从绝缘子后侧绕回右上侧，再压住导线回到左下侧。

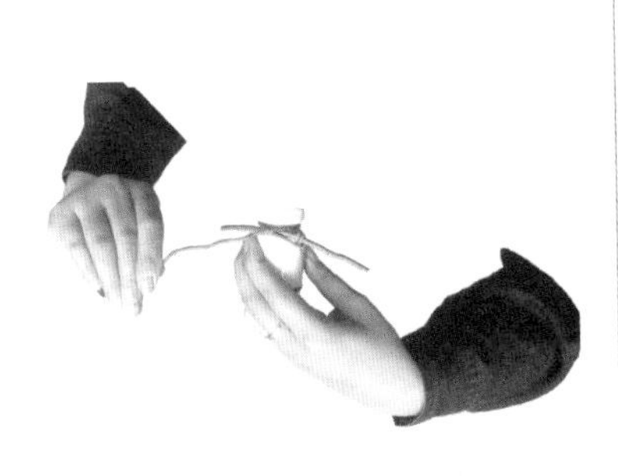

绑线缠绕

④ 绑线在绝缘子左侧缠绕导线两圈。

左侧绕两圈

⑤ 绑线两头从后侧中间部位互绞两回，剪掉余端。

后侧互绞

3.2.3 导线安装的要求

（1）侧面安装

在建筑物的侧面或斜面配线时，必须将导线绑扎在绝缘子的上方。

建筑物侧面安装

（2）转角

① 转弯时如果导线在同一平面内转弯，则应将绝缘子敷设在导线转弯拐角的内侧。

同平面转角

② 如果导线在不同平面转弯，则应在凸角的两面上各装设一个绝缘子。

不同平面转角

(3) 分支与交叉

导线分支时，必须在分支点处设置绝缘子，用以支持导线，导线相互交叉时，应在交叉部位的导线上套瓷管保护。

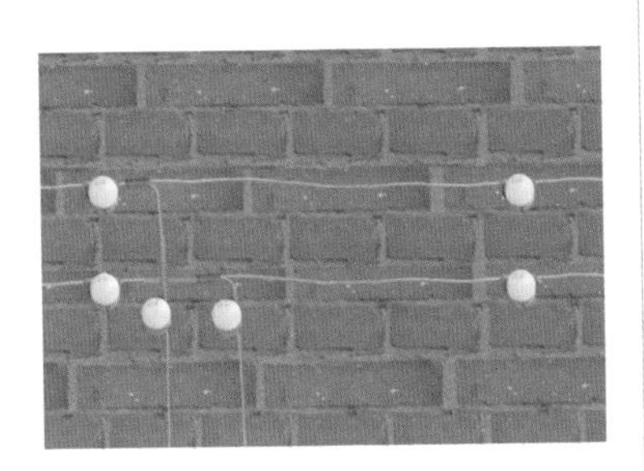

分支与交叉

(4) 平行安装

平行的两根导线，应位于两绝缘子的同一侧（见侧面安装）或位于两绝缘子的外侧，而不应位于两绝缘子的内侧。

绝缘子沿墙壁垂直排列敷设时，导线弛度不得大于5mm，沿屋架或水平支架敷设时，导线弛度不得大于10mm。

配线安装

3.3 护套线配线

3.3.1 弹线定位

(1) 导线定位

根据设计图纸要求，按线路的走向，找好水平和垂直线，用粉线沿建筑物表面由始端至终端划出线路的中心线，同时标明照明器具及穿墙套管和导线分支点的位置，以及接近电气器具旁的支持点和线路转弯处导线支持点的位置。

用粉袋划线

(2) 支持点定位

① 塑料护套线配线在终端、转弯中点距离为 50 ～ 100mm 处设置支持点。

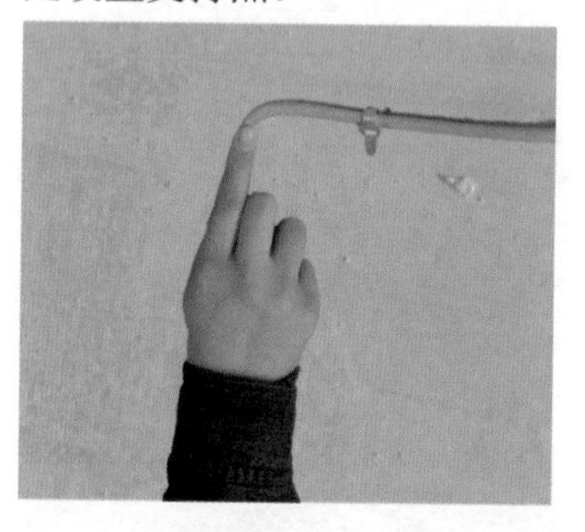

转弯

② 塑料护套线配线在电气器具或接线盒边缘的距离为 50 ～ 100mm 处设置支持点。

拉线开关

③ 塑料护套线配线在直线部位导线中间平均分布距离为 150 ～ 200mm 处设置支持点。

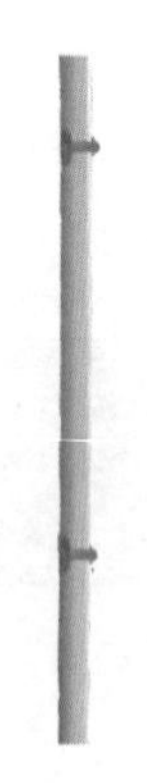

直线

两根护套线敷设遇有十字交叉时交叉口处的四方 50 ～ 100mm 处,都应有固定点。

交叉

3.3.2 导线固定

(1) 预埋木砖

在配合土建施工过程中，还应根据规划的线路具体走向，将固定线卡的木砖预埋在准确的位置上。预埋木砖时，应找准水平和垂直线，梯形木砖较大的一面应埋入墙内，较小的一面应与墙面平齐或略凸出墙面。

预埋木砖

(2) 现埋塑料胀管

可在建筑装饰工程完成后，按划线定位的方法，确定器具固定点的位置，从而准确定位塑料胀管的位置。按已选定的塑料胀管的外径和长度选择钻头进行钻孔，孔深应大于胀管的长度，埋入胀管后应与建筑装饰面平齐。

现埋胀管

(3) 铝线卡夹持

① 用自攻螺钉将铝线卡固定在预埋木砖或现埋胀管上。

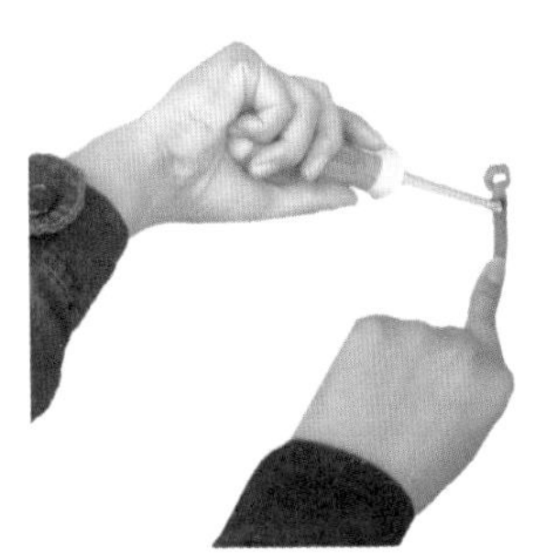

固定铝线夹

② 将导线置于线夹钉位的中心，一只手顶住支持点附近的护套线，另一只手将铝线卡头扳回。

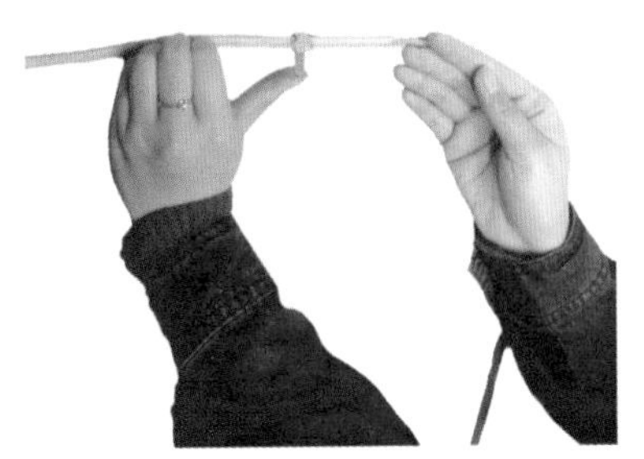

安装导线

③ 铝线夹头穿过尾部孔洞，顺势将尾部下压紧贴护套线。

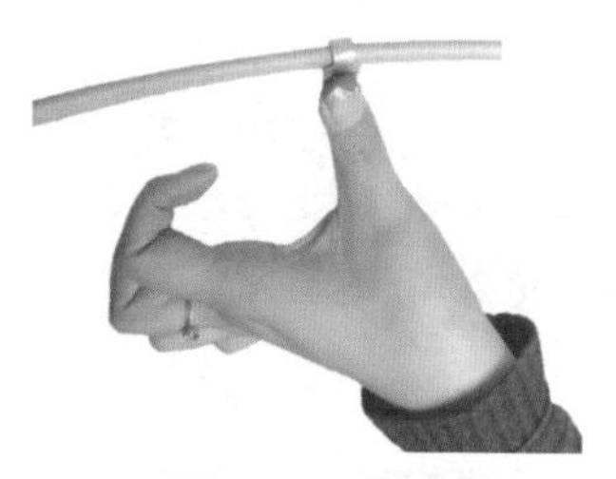

铝线夹头穿过尾孔

④ 将铝线夹头部扳回，紧贴护套线。应注意每夹持4～5个支持点，应进行一次检查。如果发现偏斜，可用小锤轻轻敲击突出的线卡予以纠正。

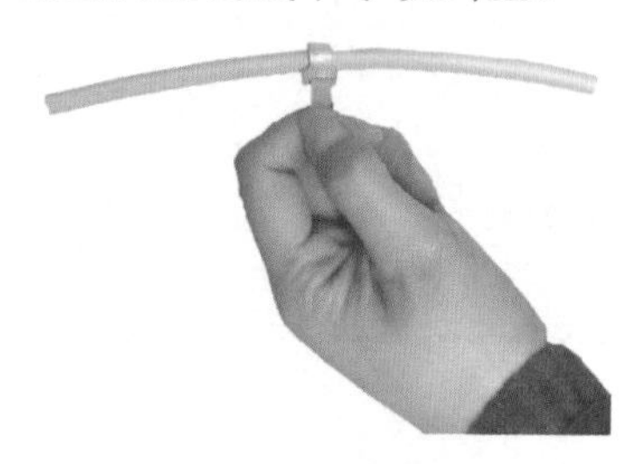

头部扳回

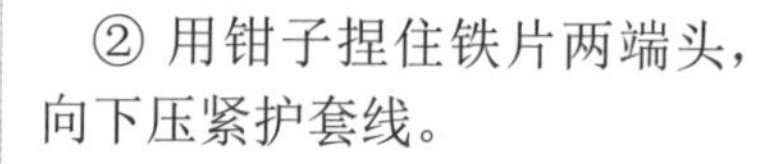

（4）铁片夹持

① 导线安装可参照铝线夹进行，导线放好后，用手先把铁片两头扳回，靠紧护套线。

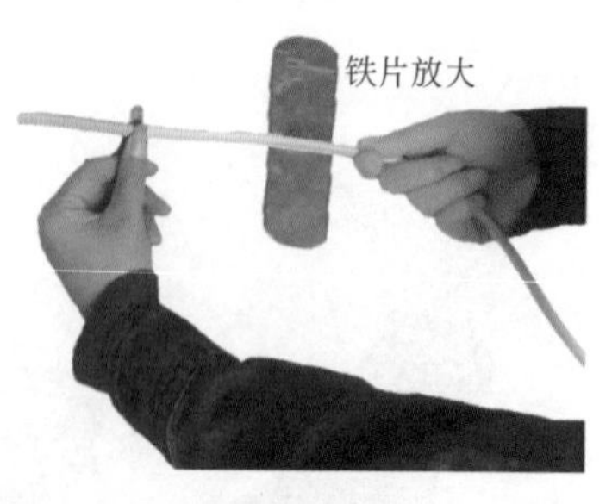

头部扳回

② 用钳子捏住铁片两端头，向下压紧护套线。

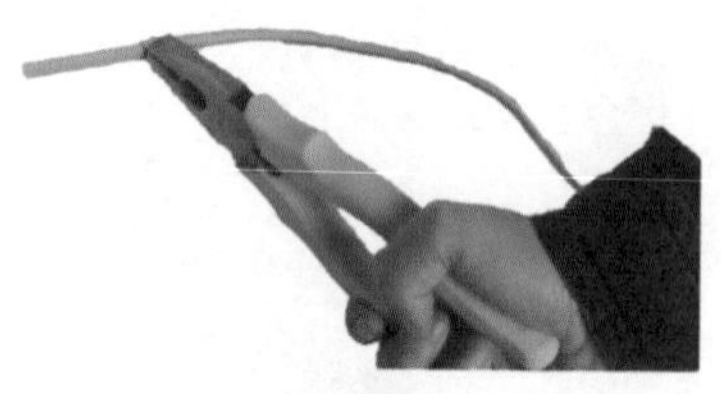

头部扳回

(5) 导线弯曲的要求

塑料护套线在建筑物同一平面或不同平面上敷设，需要改变方向时，都要进行转弯处理，弯曲后导线必须保持垂直，且弯曲半径不应小于护套线厚度的 3 倍。

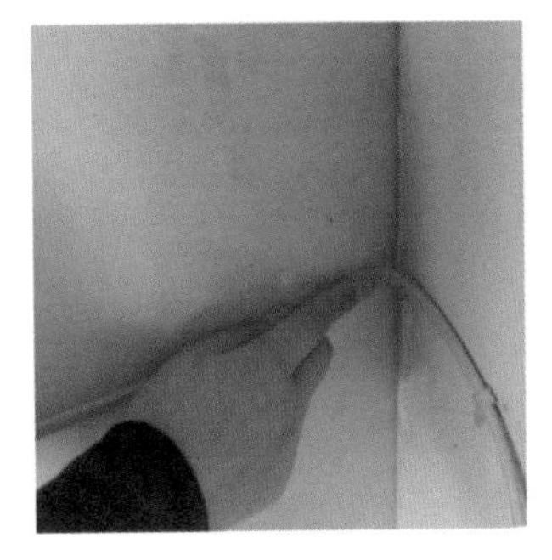

护套线不同平面内弯曲

3.4 线管配线

3.4.1 钢管的加工

(1) 钢管的弯曲

① 明配管弯曲半径不应小于管外径的 6 倍，如只有一个弯时，不应小于管外径的 4 倍。

② 弯曲处不应有褶皱、凹穴和裂缝现象，弯扁程度不应大于管外径的 10%，弯曲角度一般不宜小于 90°。管子焊缝宜放在管子弯曲方向的正、侧面交角处的 45°线上。

1 2

3 4

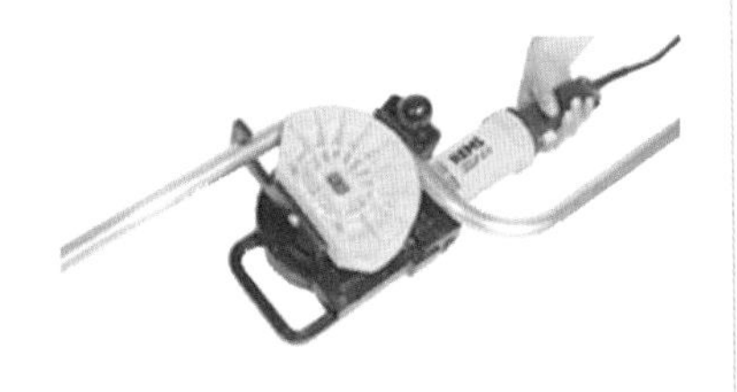

电动弯管

(2) 管与管的明装连接

1）管箍连接

明配管采用等成品丝扣连接，两管拧进管接头长度不可小于管接头长度的 1/2（6 扣），使两管端之间吻合。

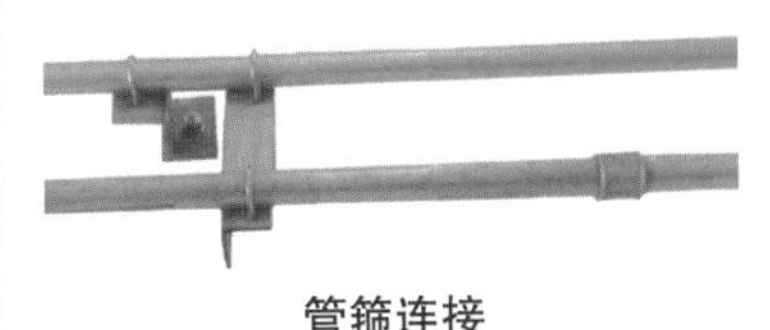

管箍连接

2）活接连接

在直线段每隔一段使用一个活接，主要用于管路的清扫和方便穿线。

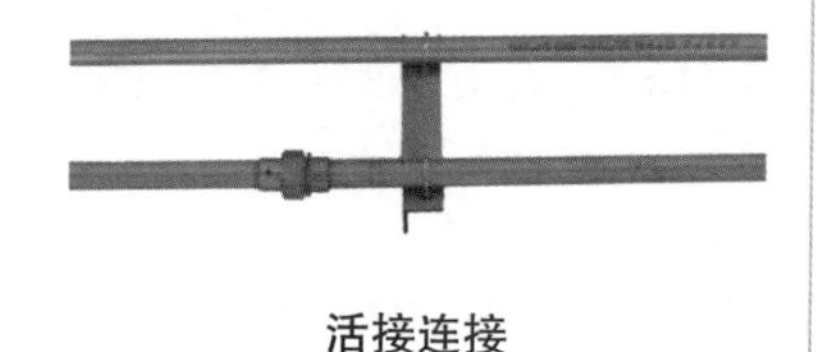

活接连接

3）三通连接

三通连接用于分支和器具安装。

三通连接

4）断续配管

管头应加塑料护口。

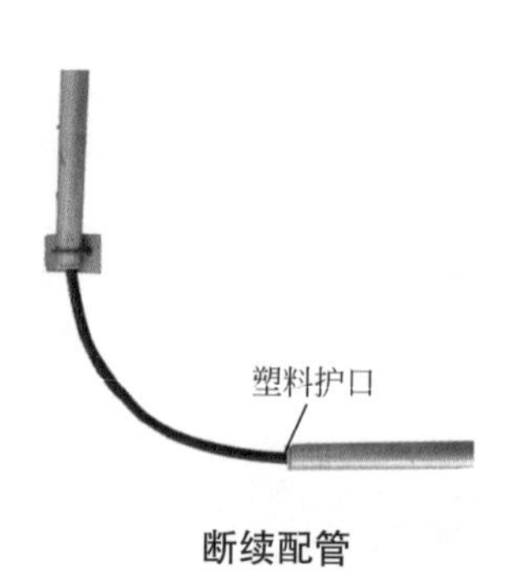

断续配管

3.4.2 硬质塑料管加工

(1)管子的冷煨弯曲

① 弯管时首先应将相应的弯管弹簧插入管内需煨处。

插入弹簧

② 两手握住管弯曲处弯簧的部位，用力逐渐弯出需要的弯曲半径来。

如果用手无力弯曲时，也可将弯曲部位顶在膝盖或硬物上再用手扳，逐渐进行弯曲，但用力及受力点要均匀。弯管时，一般需弯曲至比所需要弯曲角度要小，待弯管回弹后，便可达到要求，然后抽出管内弯簧。

顶在钢管上弯曲

（2）管与管的连接

① 插入法连接

把连接管端部擦净，将阴管端部加热软化，把阳管管端涂上胶合剂，迅速插入阴管，插接长度为管内径的1.1～1.8倍，待两管同心时，冷却后即可。

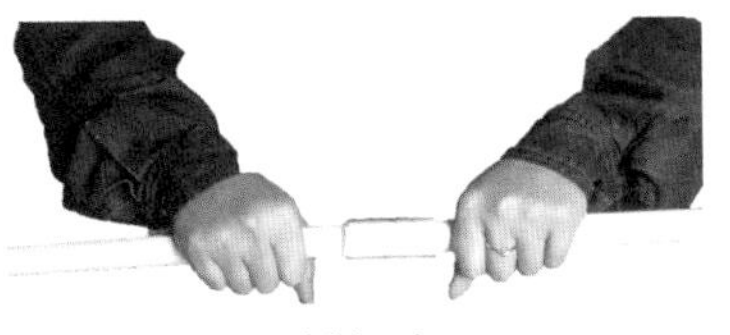

插入法

② 套接法连接

用比连接管管径大一级的塑料管做套管，长度为连接管内径的1.5～3倍，把涂好胶合剂的被连接管从两端插入套管内，连接管对口处应在套管中心，且紧密牢固。

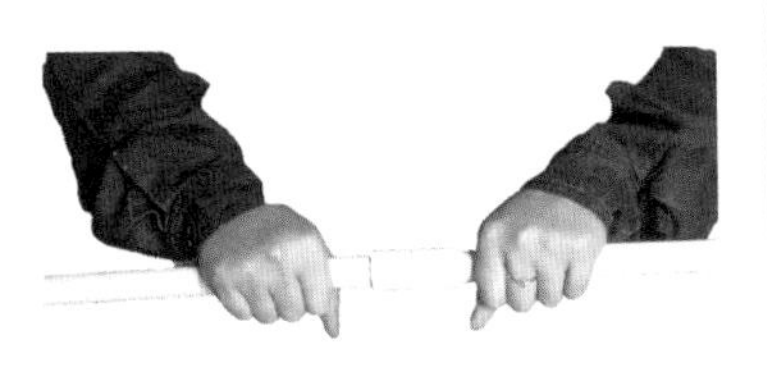

套接法

③ 成品管接头连接

将被连接管两端与管接头涂专用的胶合剂粘接。

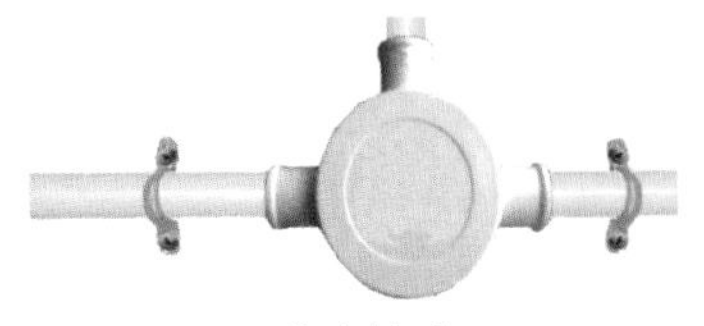

分支接头

(3)管子与盒(箱)连接

① 可采用锁紧螺母或护圈帽固定两种方法，连续配线管口使用金属护圈帽（护口）保护导线时，应将套丝后的管端先拧上锁紧螺母，顺直插入与管外径相一致的盒（箱）内，露出 2 ～ 4 扣的管口螺纹，再拧上金属护圈帽（护口）。

连续配线

② 断续配线管口可使用金属或塑料护圈帽保护导线，这时锁紧螺母扔留出管口 2 ～ 4 扣。

断续配线

3.4.3 管子明装

(1)支架安装

① 安装时先按配线线路划出支撑点、拐弯、器具盒位置，然后在墙上打孔。

打孔

② 将支架先安上膨胀螺栓，然后整体安装并牢固。支架一般用角钢或特制型材加工制作。下料时应用钢锯锯割或用无齿锯下料。

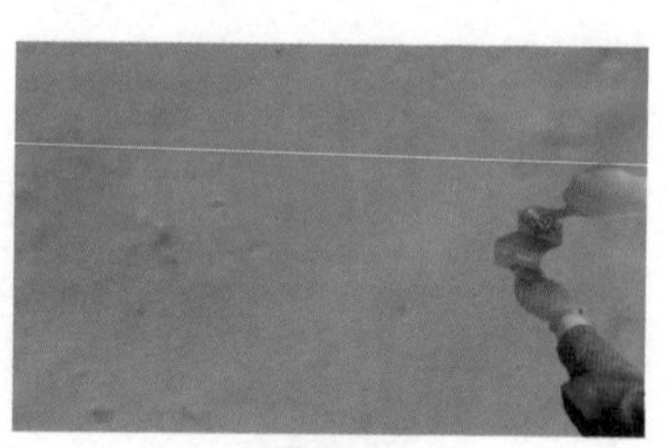

安装支架

③ 将预制好的电线管用双边管卡固定在支架上。

安装电线管

（2）管卡子安装

① 用冲击电钻钻孔。孔径应与塑料胀管外径相同，孔深度不应小于胀管的长度，当管孔钻好后，放入塑料胀管。

应该注意的是沿建筑物表面敷设的明管，一般不采用支架，应用管卡子均匀固定。

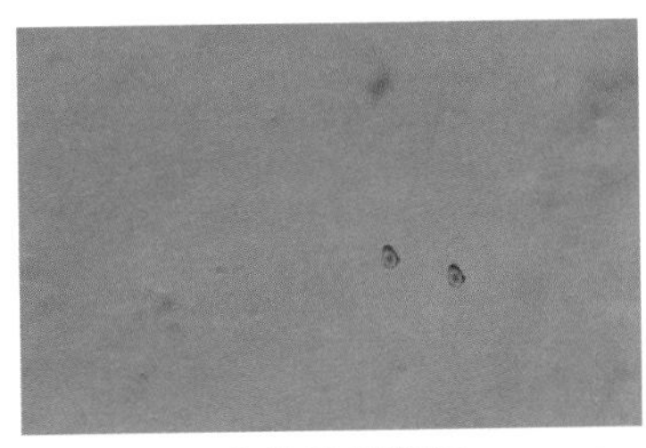

安装塑料胀管

1 2
3

② 管固定时应先将管卡的一端螺栓拧进一半，然后将管敷设于管卡内，再将管卡两端用木螺栓拧紧。固定点间的最大距离见下表。

安装电线管

钢管中间管卡最大距离

敷设方式	钢管类型	钢管直径			
		15～20	25～32	40～50	65～100
		最大允许距离/m			
吊架、支架或沿墙敷设	厚壁管	1.5	2.0	2.5	3.5
	薄壁管	1.0	1.5	2.0	

(3)电线管明装的几种做法

①明配管在拐弯处应煨成弯曲，或使用弯头。

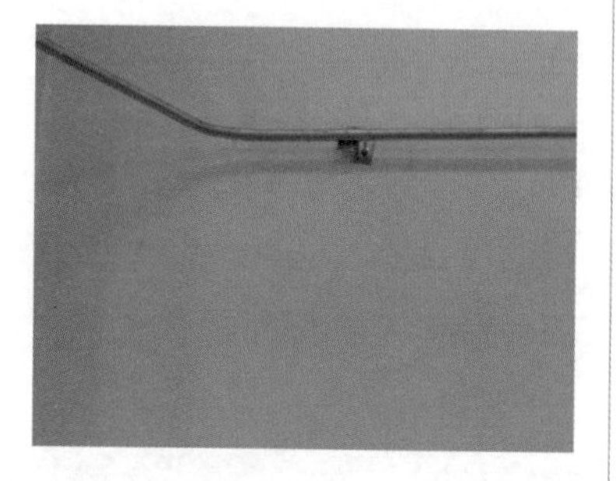

拐弯

②明配管在绕过立柱处应煨成弯曲，或使用弯头。

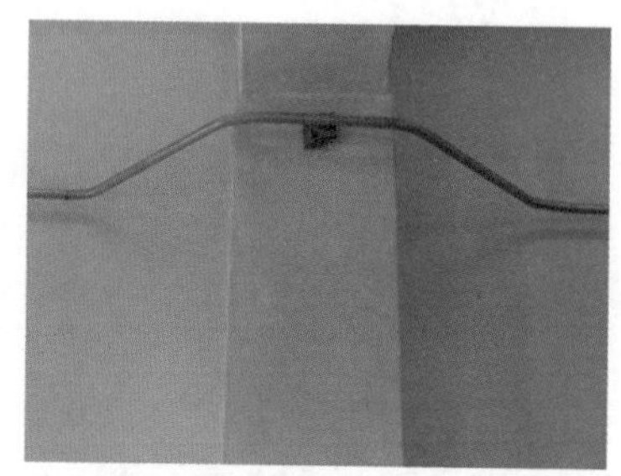

绕过立柱

③明配管在绕过其他线管处应煨成弯曲，或使用弯头。

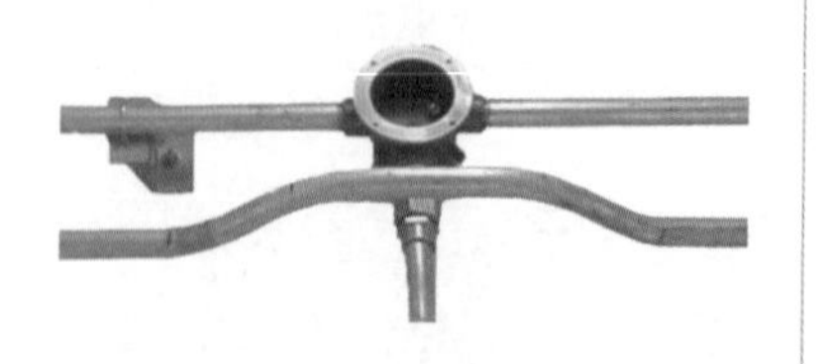

绕过线管

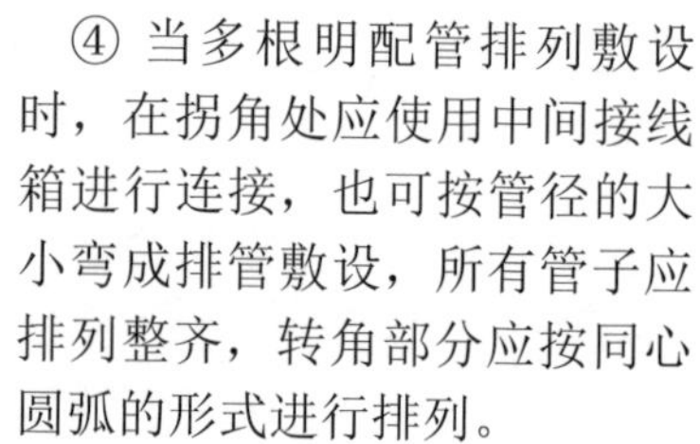

④当多根明配管排列敷设时，在拐角处应使用中间接线箱进行连接，也可按管径的大小弯成排管敷设，所有管子应排列整齐，转角部分应按同心圆弧的形式进行排列。

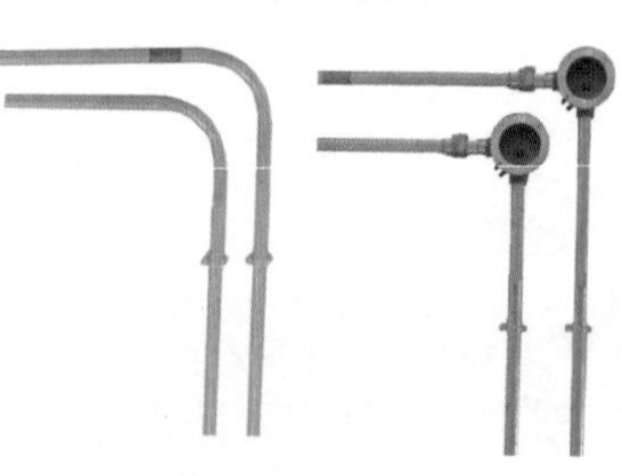

钢管排列敷设拐角

3.4.4 塑料管暗配线

(1) 管子在砖混结构工程墙体内的敷设

① 由电工或建筑工人在砌筑的过程中埋入，埋设时所埋管子不能有外露现象，管子离表面的最小净距不应小于埋入15mm。管与盒周围应用砌筑砂浆固定牢。

塑料管在墙内预埋

② 墙体内水平敷设。

管子暗敷设应尽量敷设在墙体内，并尽量减少楼板层内的配管数量。墙体内水平敷设的管径大于20mm时，应现浇一段砾石混凝土。

塑料管在墙内水平敷设

(2) 现浇混凝土梁内管子敷设

在现浇混凝土梁内设置灯位盒及进行管子顺向敷设时，应在梁底模支好后进行。其灯位盒应设在梁底部中间位置上。

梁内垂直敷设的位置

(3) 现浇混凝土楼板内管子敷设

现浇混凝土内敷设灯位盒时，应将盒内用泥团或浸过水的纸团堵严，盒口应与模板紧密贴合固定牢，防止混凝土浆渗入管、盒内。

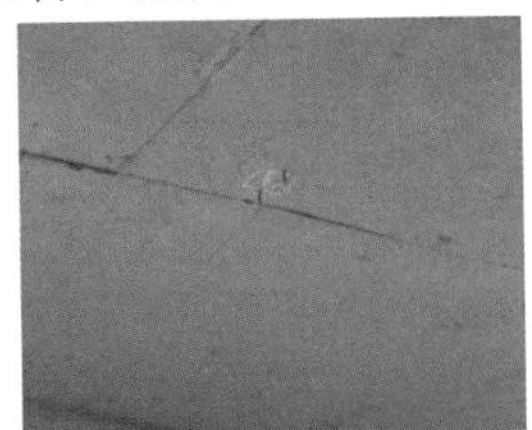

预埋盒口保护的做法

（4）器具盒及配电箱的预埋

① 开关（插座）盒的预埋 在同一工程中预埋的开关（插座）盒，相互间高低差不应大于 5mm；成排埋设时不应大于 2mm；并列安装高低差不大于 0.5mm。并列埋设时应以下沿对齐。

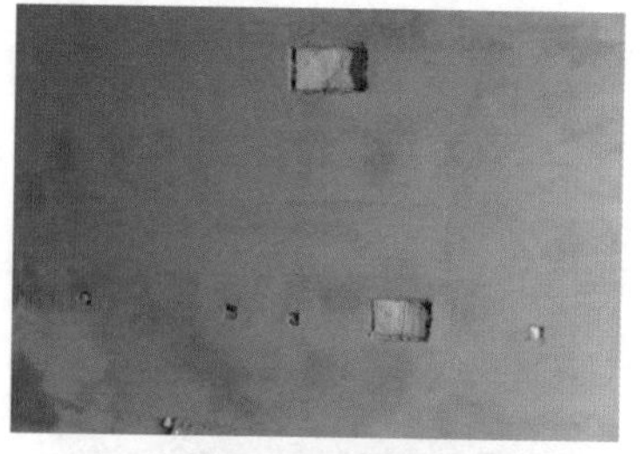

插座盒并列的做法

② 壁灯盒的预埋。

按外墙顶部向内墙返尺找标高比较方便，一般情况下住宅楼宜在距墙体顶部下返第六皮砖的上皮放置盒体。

壁灯盒的位置

③ 当墙体顶部有圈梁时，梁的高度也可与砖的高度相抵，为了盒内水平配管不与穿梁方子相遇，盒体可再降低一皮砖。

盒上有梁时壁灯盒的位置

④ 吊扇的吊钩应用不小于 10mm 的圆钢制作。吊钩应弯成╤形或┏形。安装硬质敷设楼板层管子的同时，一并预埋。

吊扇预埋件的做法

(5)大(重)型灯具预埋件设置

① 电气照明安装工程除了吊扇需要预埋吊钩外，大（重）型灯具也应预埋吊钩。吊钩直径不应小于6mm。固定灯具的吊钩，除了采用吊扇吊钩预埋方法之外，还可将圆钢的上端弯成弯钩，挂在混凝土内的钢筋上。

楼板预埋钢管吊钩的做法

1

2 3

② 固定大（重）型灯具除了有的需要预埋吊钩外，有的还需要预埋螺栓。

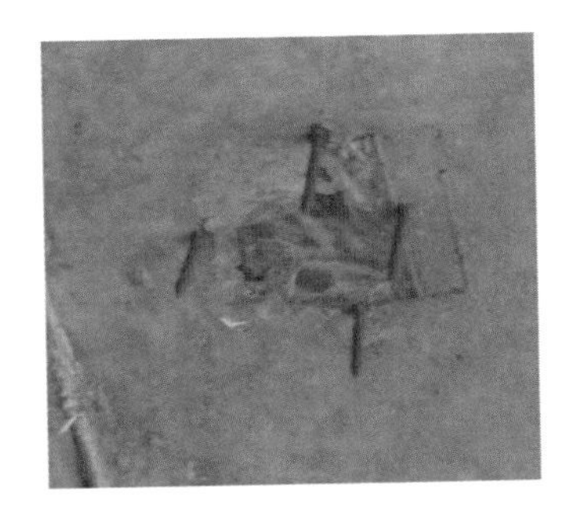

3.4.5 管内穿线

(1)穿引线钢丝

将 $\phi 1.2 \sim \phi 2.0$ 的钢丝由管一端逐渐送入管中，直到另一端露出头时为止。如遇到管接头部位连接不佳或弯头较多及管内存有异物，钢丝滞留在管路中途时，可用手转动钢丝，使引线头部在管内转动，钢丝即可前进。否则要在另一端再穿入一根引线钢丝，估计超过原有钢丝端部时，用手转动钢丝，待原有钢丝有动感时，即表面两根钢丝绞在一起，再向外拉钢丝，将原有钢丝带出。

穿引钢丝

(2) 引线钢丝与导线结扎

① 当导线数量为2～3根时，将导线端头插入引线钢丝端部圈内折回。

② 如导线数量较多或截面较大，为了防止导线端头在管内被卡住，要把导线端部剥出一段线芯，并斜错排好，与引线钢丝一端缠绕。

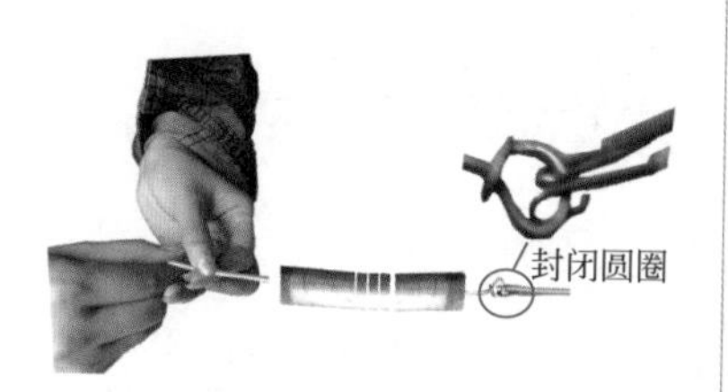

管内穿线的方法

3.5 其他敷设方法

3.5.1 塑料线槽明敷设

(1) 塑料线槽无附件安装方法

① 将线槽用钢锯锯成需要形状。

切割

② 如果有毛刺时可用壁纸刀修整。

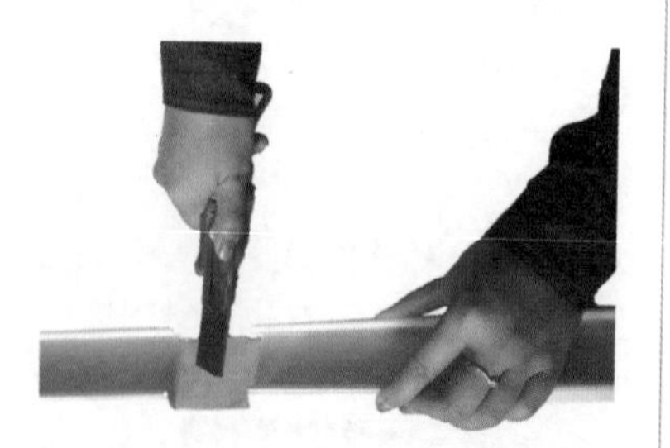

修整

③ 用半圆头木螺栓固定在墙壁塑料胀管上。

固定

（2）无附件安装常用做法

① 直线敷设线槽端部应增设固定点。

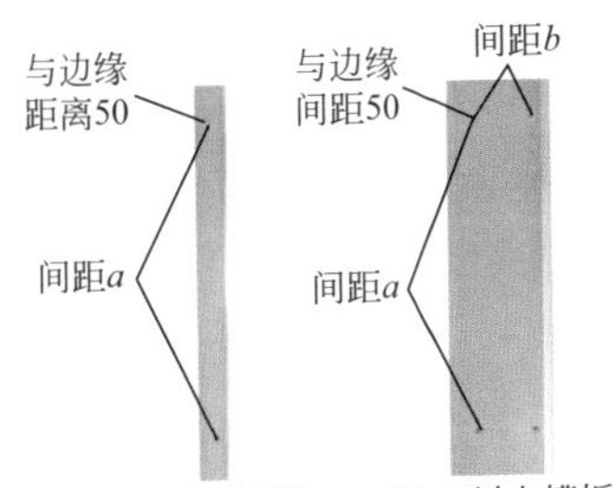

(a) 60以下槽板　(b) 60以上槽板

槽宽度/mm	a/mm	b/mm
25	500	—
40	800	—
60	1000	30
80、100、120	800	50

(c) 有关数据

直线敷设

② 十字交叉敷设锯槽时要在槽盖侧边预留插入间隙。

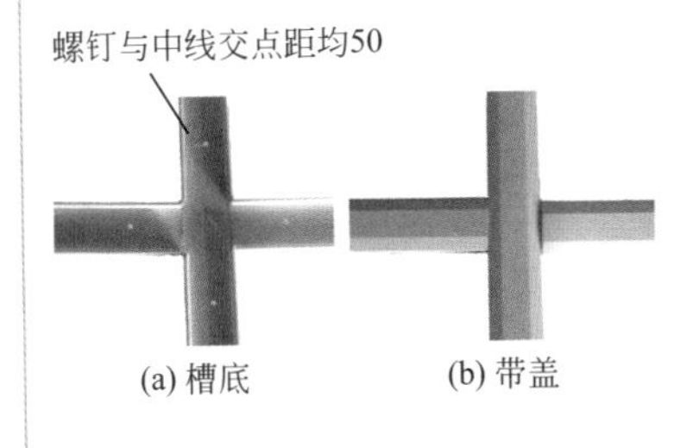

(a) 槽底　(b) 带盖

十字交叉敷设

③ 分支敷设槽盖开口为两个45°以求美观。

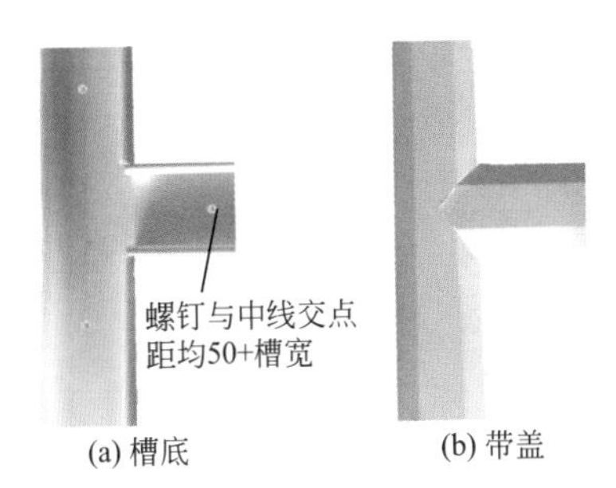

(a) 槽底　(b) 带盖

分支敷设

④ 转角敷设线槽底、盖都开口45°。

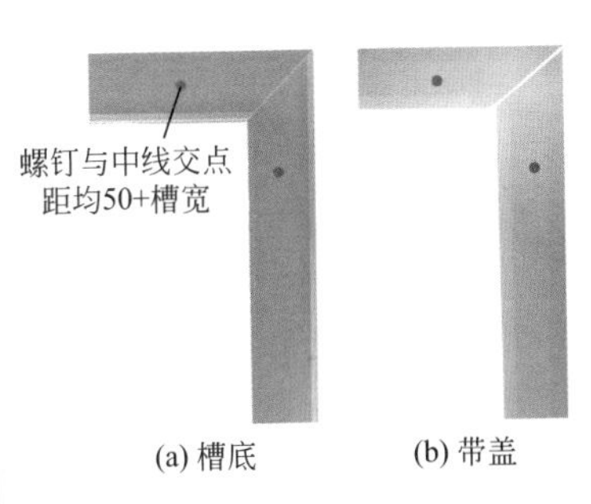

(a) 槽底　(b) 带盖

转角敷设

（3）塑料线槽有附件安装方法

① 槽底的安装方法与无附件安装相同。

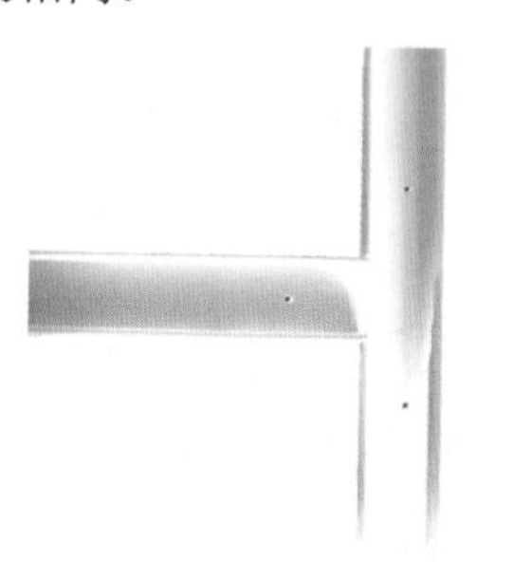

槽底安装

② 安装时直线接口尽量位于转角中心，贴紧。

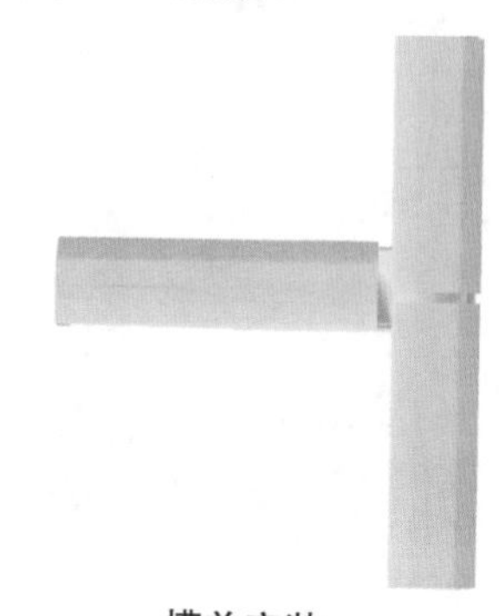

槽盖安装

③ 扣上平三通。

安装附件

（4）塑料线槽有附件安装常用做法

① 直线段采用连接头连接。固定点数量见下表。

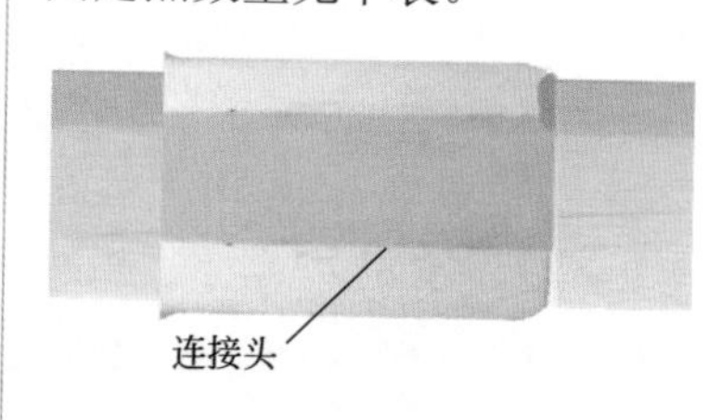

直线段

线槽有附件安装固定点数量

线槽宽 W/mm	a/mm	b/mm	固定点数量			固定点位置
			十字接	三通	直转角	
25			1	1	1	在中心点
40	20		4	3	2	在中心线
60	30		4	3	2	
100	40	50	9	7	5	1处在中心点

② 变宽采用大小接连接。

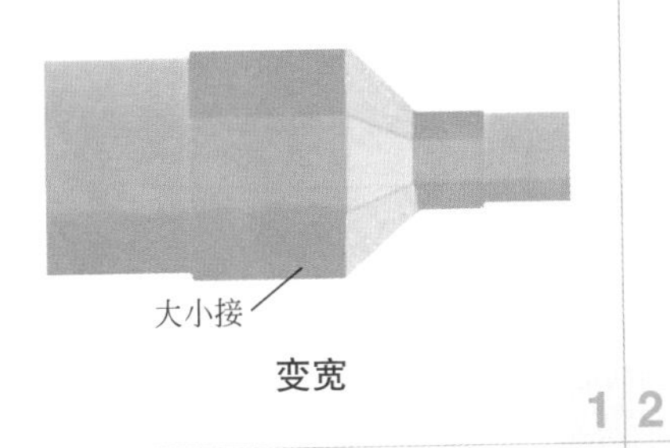

变宽

③ 不同平面连接采用阴角盒阴角。

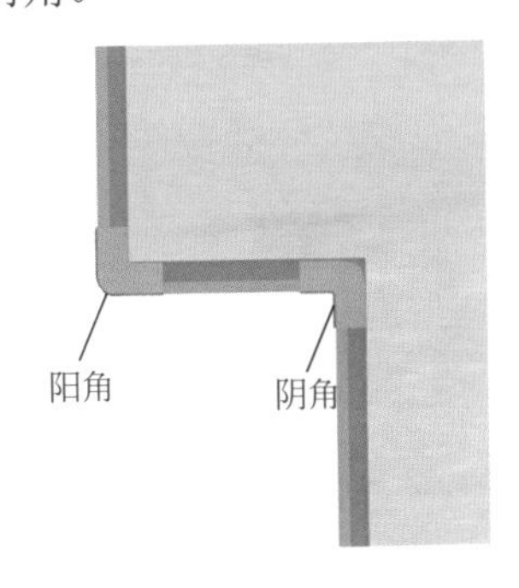

不同平面转角

④ 与接线盒（箱）连接采用插口。

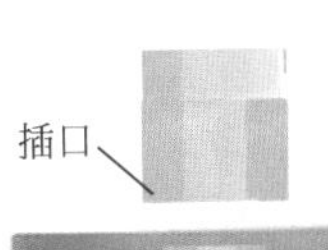

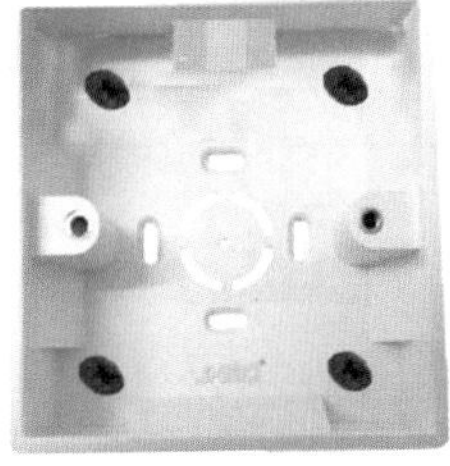

与接线盒（箱）连接

3.5.2 钢索线路的安装

(1) 钢索的制作

① 将钢索预留 100 ～ 200mm 长度穿过挂环等物件，折回后用绑线缠绕几回。

② 在靠近绑线处安装一个卡扣，在钢索线头处再安装一个卡扣。

固定

安装卡扣

（2）线路的安装方法

① 根据设计图纸，在墙、柱或梁等处，埋设支架、抱箍、紧固件以及拉环等物件。

物件埋设

② 根据设计图纸的要求，将一定型号、规格与长度的钢索组装好，架设到固定点处，将钢索并用花篮螺栓将钢索拉紧。

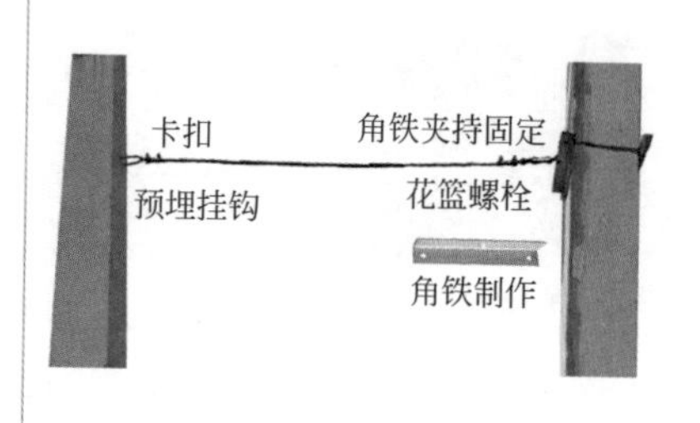

钢索线路的安装

1 2
3 4

③ 钢索吊装塑料护套线线路的安装。

钢索吊装塑料护套线可以采用绑线将塑料护套线固定在钢索上，照明灯具可以使用吊杆吊灯，灯具可用螺栓与接线盒固定。

钢管上的吊卡距接线盒间的最大距离不应大于200mm，吊卡之间的间距不应大于1500mm。

钢索吊装护套线敷设

（3）钢索吊装线管线路的安装

吊装钢管布线完成后，应做整体的接地保护，管接头两端和铸铁接线盒两端的钢管应用适当的圆钢作焊接地线，并应与接线盒焊接。钢索吊装线管配线。

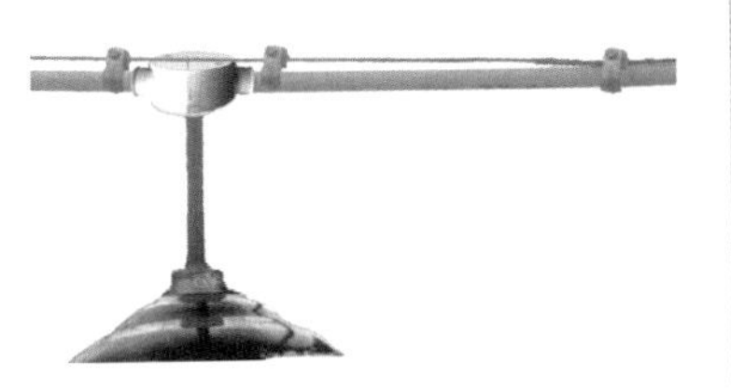

钢索吊装线管敷设

3.6 导线连接与绝缘恢复

3.6.1 绝缘层的去除

（1）塑料导线绝缘层的去除

① 将电工刀以近于90°切入绝缘层。

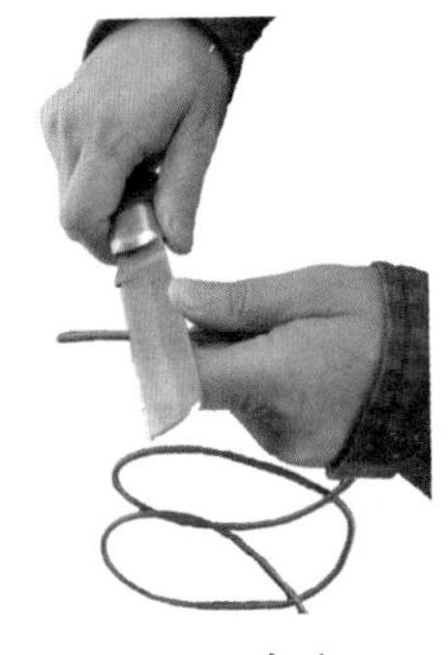

90°切入

② 将电工刀以45°角沿绝缘层向外推削至绝缘层端部。

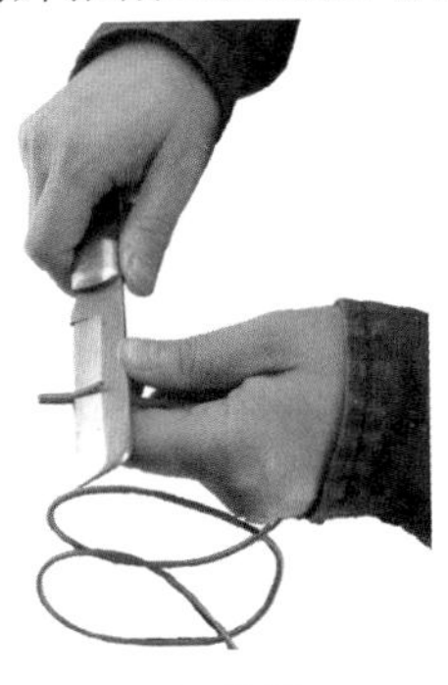

45°推削

③ 将剩余绝缘层翻过来切除。

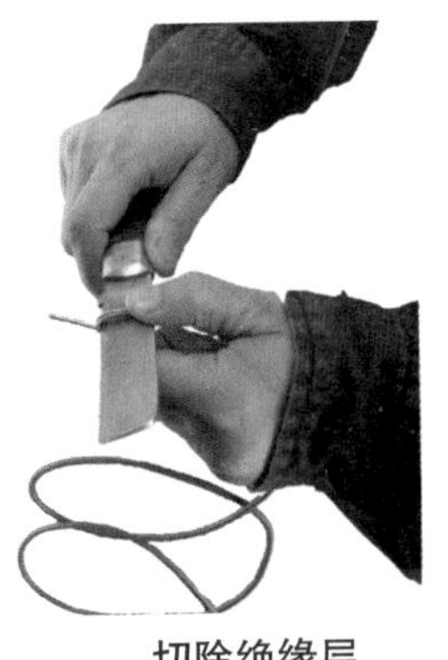

切除绝缘层

(2)护套线绝缘层去除

① 将电工刀自两芯线之间切入，破开外绝缘层。

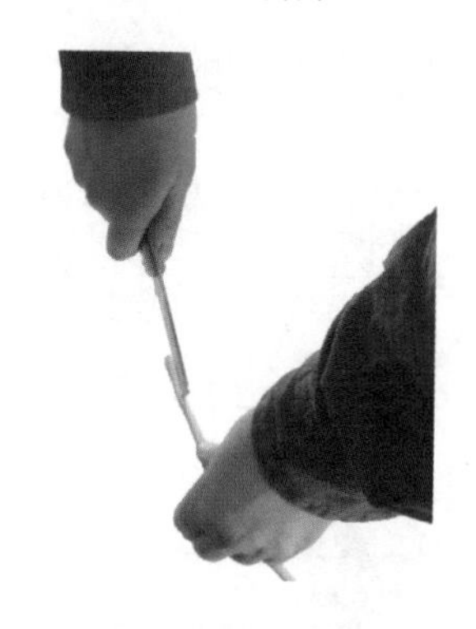

② 将外绝缘层翻过来切除。

1 2
3 4

3.6.2 单股导线连接

(1)直接连接

1）绞接法

① 将两线相互交叉成 X 状。

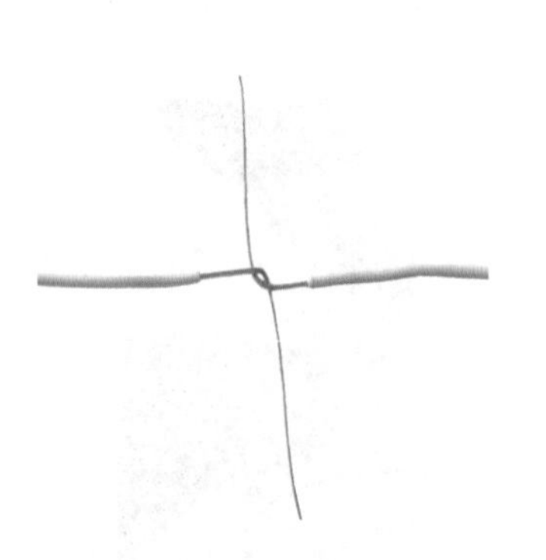

单股铜芯导线

② 用双手同时把两芯线互绞两圈后，再板直与连接线成 90°。

互绞两圈

③ 将每个线芯在另一线芯上缠绕 5 回，剪断余头。

绞接法适用于 4.0mm^2 及以下单芯线连接。

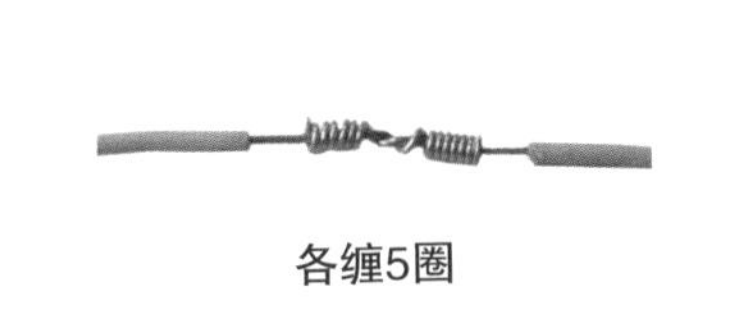

各缠5圈

2）缠卷法

① 将两线相互并和，加辅助线后，用绑线在并和部位中间向两端缠卷（即公卷），长度为导线直径的 10 倍。

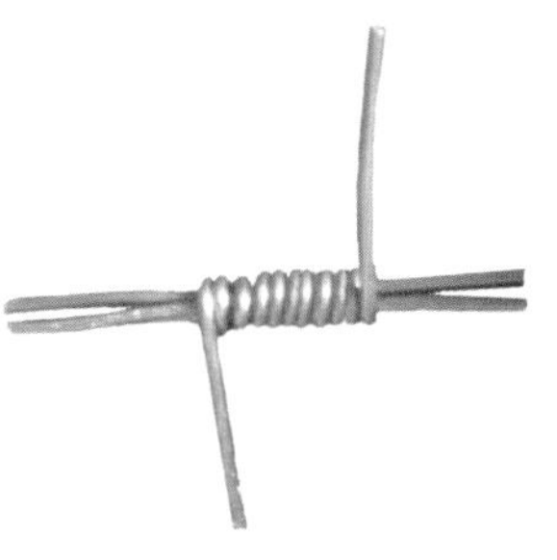

并和

1 2
3 4

② 将两线芯端头折回，在此向外自身单卷 5 回。

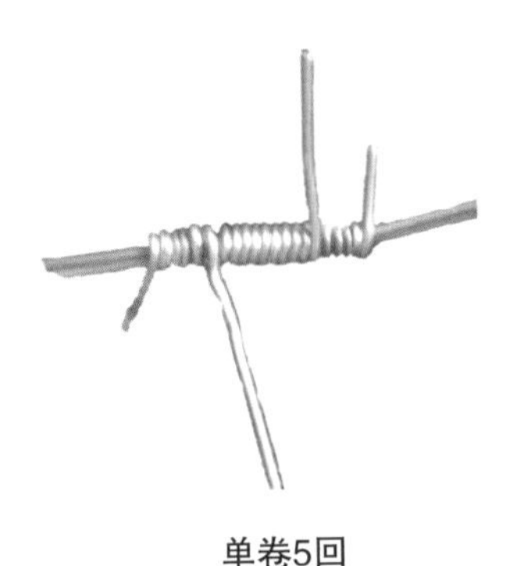

单卷5回

③ 与辅助捻卷 2 回，余线剪掉。

缠卷法适用于 6.0mm^2 及以上的单芯直接连接。

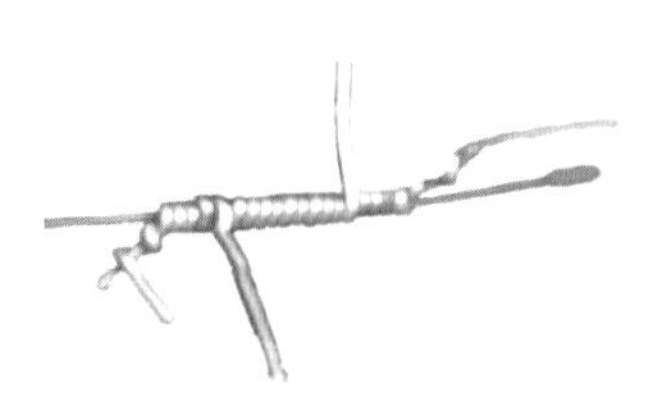

与辅助捻卷2回

（2）分支接法

1）T 字绞接法

① 用分支的导线的线芯往干线上交叉。

交叉

② 先粗卷 1 ～ 2 圈（或打结以防松脱），然后再密绕 5 圈，余线剪掉。

T 字绞接法适用于 4.0mm^2 以下的单芯线。

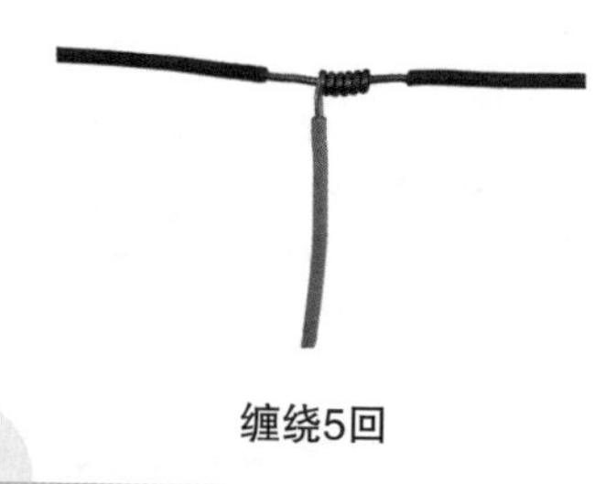

缠绕5回

1 2
3 4

2）T 字缠绕法

① 将分支导线折成 90° 紧靠干线，先用辅助线在干线上缠 5 圈。

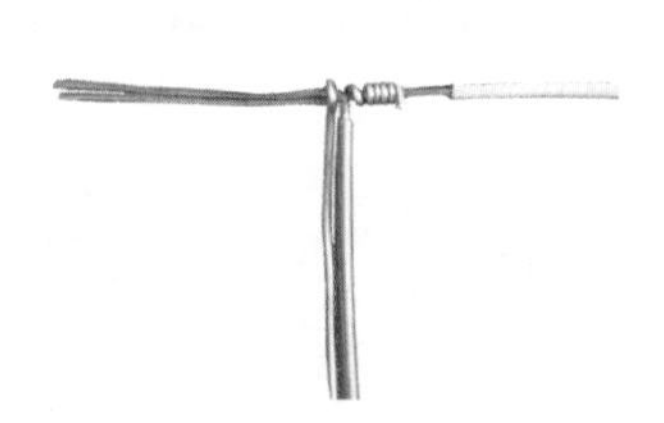

辅助一侧线缠5圈

② 然后在另一侧缠绕，公卷长度为导线直接的 10 倍。

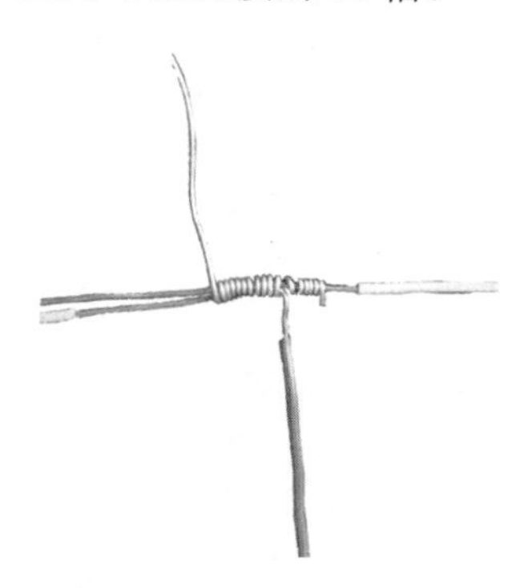

辅助线另一侧缠5圈

③ 单卷 5 圈后余线剪掉。

T 字缠绕法适用于 6.0mm^2 及以上的单芯连接。

自身5圈

3）十字分支连接

① 参照 T 字绞接法。拿一根在干线上缠绕 5 回，剪掉余端。

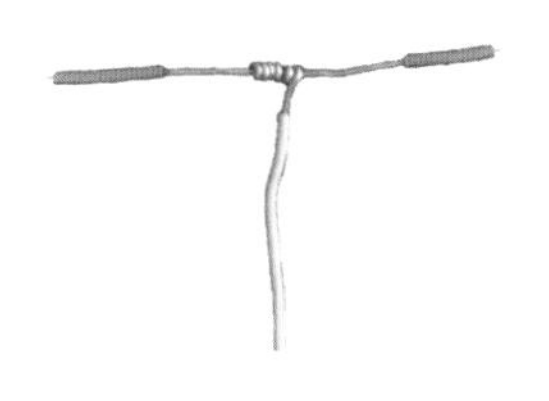

一根缠绕5回

1 2
3 4

② 拿另一根在干线另一侧缠绕 5 回，剪掉余端。

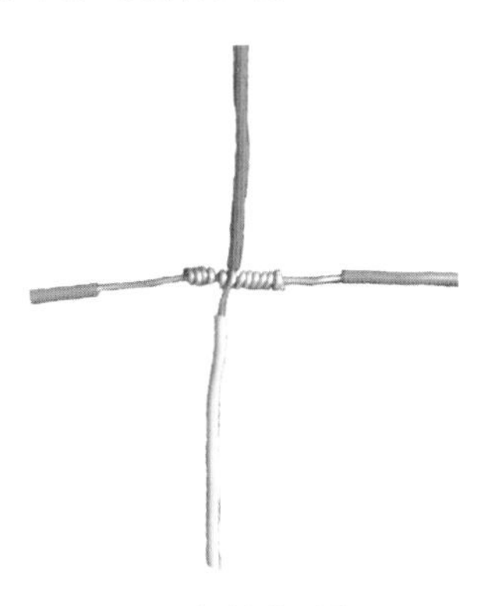

另一根缠绕5回

3.6.3 多股导线的连接

（1）7股芯线的直接法

1）复卷法

① 将剥去绝缘层的芯线逐根拉直，绞紧占全长 1/3 的根部，把余下 2/3 的芯线分散成伞状。把两个伞状芯线隔根对插，并捏平两端芯线。

分散对插

② 把一端的7股芯线按2、2、3根分成三组，接着把第一组2根芯线扳起，按顺时针方向缠绕2圈后扳直余线。

第一组缠绕

③ 把第二组的2根芯线，按顺时针方向紧压住前2根扳直的余线缠绕2圈，并将余下的芯线向右扳直。再把下面的第三组的3根芯线按顺时针方向紧压前4根扳直的芯线向右缠绕。缠绕3圈后，弃去每组多余的芯线，钳平线端。

缠绕一端

④ 用同样方法再缠绕另一边芯线。

缠绕另一端

2）单卷法

① 先捏平两端芯线，取任意两相临线芯，在接合处中央交叉。

捏平交叉

② 用一线端的一根线芯做绑扎线，在另一侧导线上缠绕5～6圈。

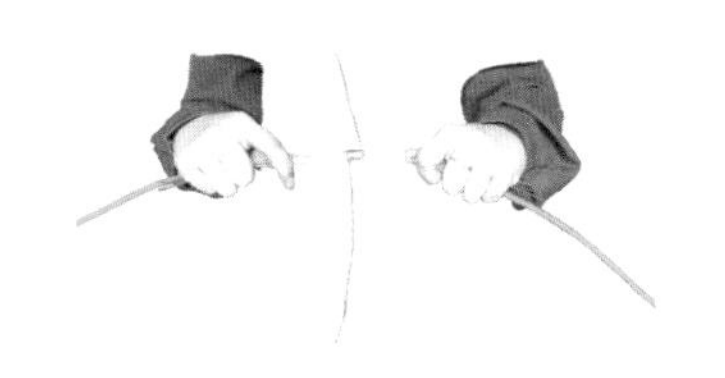

一根缠绕

③ 再用另一根线芯与绑扎线相绞后把原绑扎线压在下面继续按上述方法缠绕，缠绕长度为导线直径的10倍，最后缠绕的线端与一余线捻绞2圈后剪断。

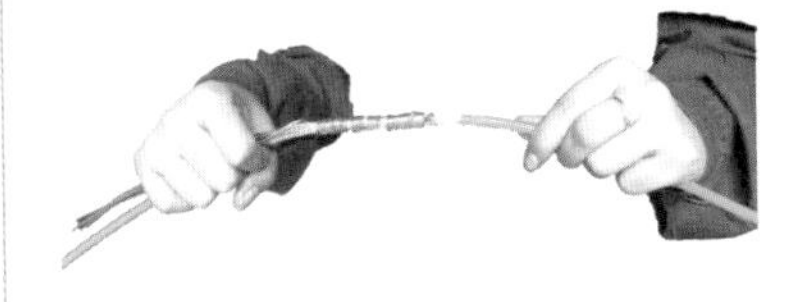

缠绕一端

④ 另一侧导线依同样方法进行，应把线芯相绞处排列在一条直线上。

缠绕另一端

3）缠卷法

① 先捏平两端芯线，用绑线在导线连接中部开始向两端分别缠卷，长度为导线直径的10倍。

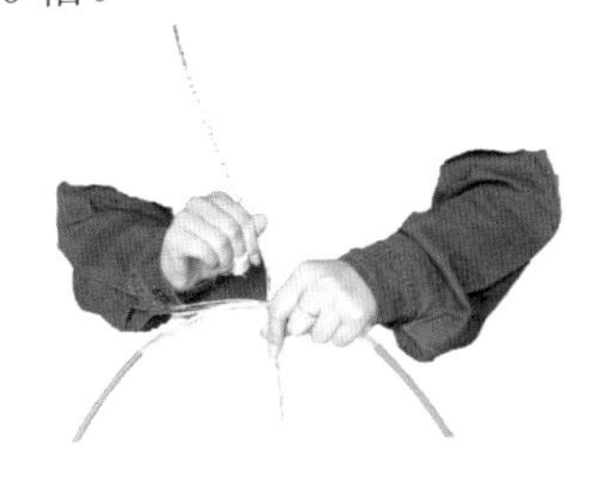

缠绕

② 余线与其中一根连接线芯捻绞 2 圈，余线剪掉。

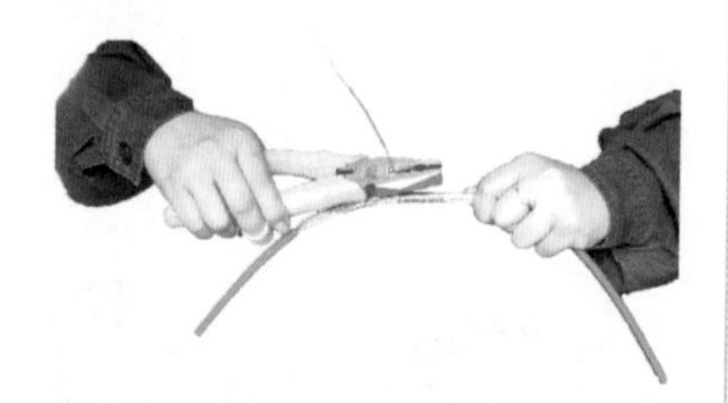

（2）7股铜芯线T字分支接法

1）复卷法

① 把支路芯线松开钳直，将近绝缘层 1 / 8 处线段绞紧，把 7 / 8 线段的芯线分成 4 根和 3 根两组，然后用螺钉旋具将干线也分成 4 根和 3 根两组。

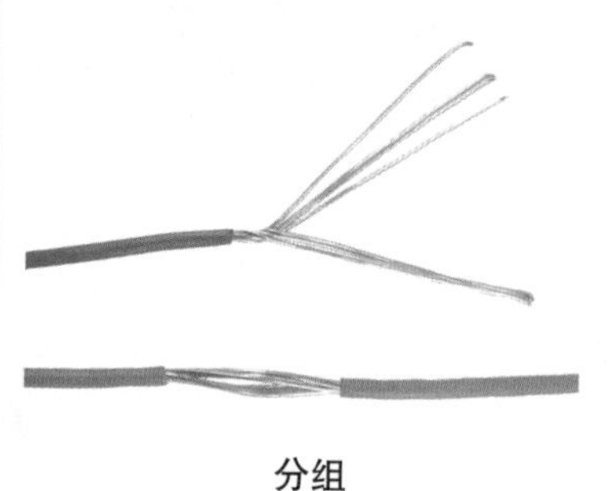

分组

② 并将支线中一组芯线插入干线两组芯线间。

插入

③ 把右边 3 根芯线的一组往干线一边顺时针紧紧缠绕 3 ～ 4 圈。

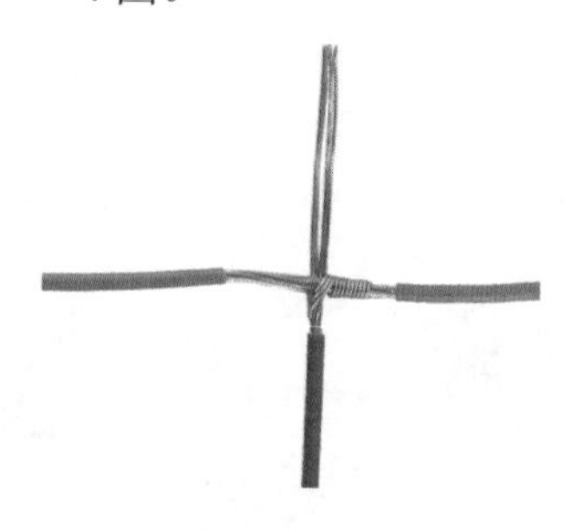

一侧缠绕

④ 再把左边4根芯线的一组按逆时针方向缠绕4～5圈，钳平线端并切去余线。

另一侧缠绕

2）单卷法

① 将分支线折成90°靠紧干线，在绑线端部相应弯成半圆形，将绑线短端与半圆形成90°，与连接线靠紧。

靠紧干线

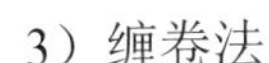

② 用长端缠卷，长度达到导线结合处直径5倍时，将绑线两端部捻绞2圈，剪掉余线。

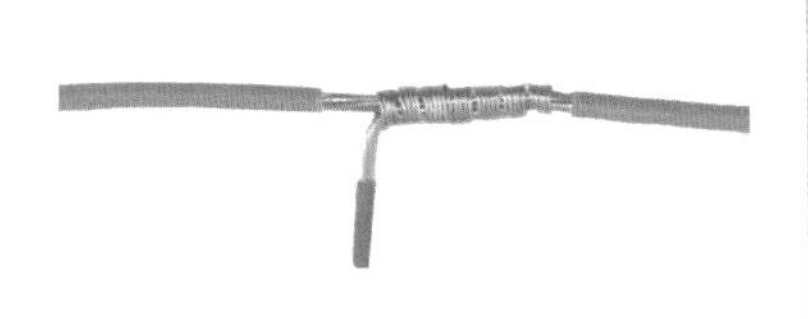

缠绕

3）缠卷法

① 将分支线破开根部折成90°靠紧干线。

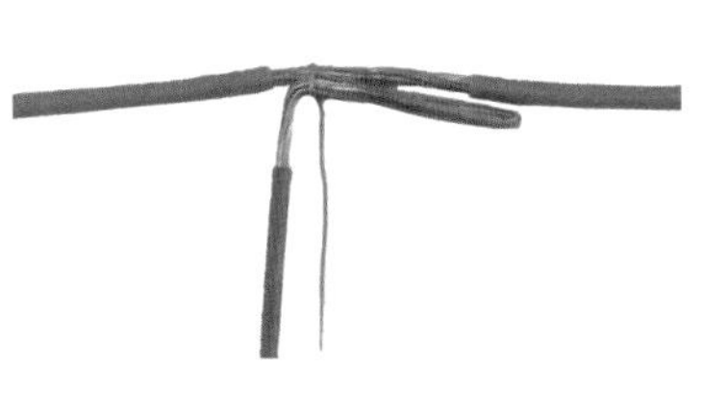

紧靠干线

② 用分支线其中一根线芯在干线上缠卷，缠卷 3 ～ 5 圈后剪掉，再用另一根线芯，继续缠卷 3 ～ 5 圈后剪掉，依此方法直至连接到双根导线直径的 5 倍时为止。应使剪断处处在一条直线上。

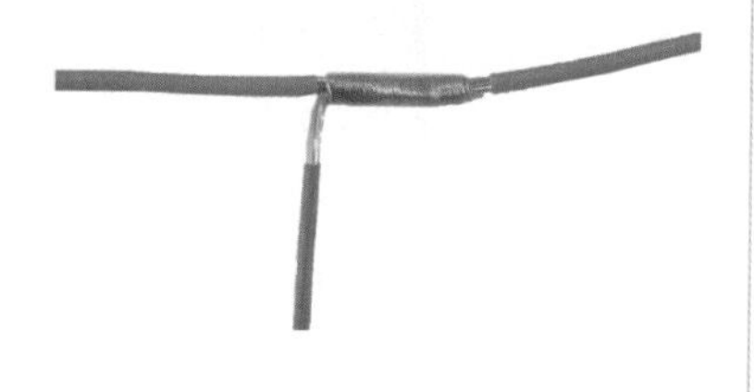

缠绕

3.6.4 导线在器具盒连接

1）两根导线连接

① 将连接线端并合，在距绝缘层 15mm 处将线芯捻绞 2 圈以上。

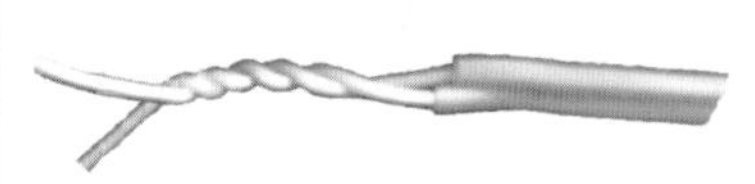

捻绞2圈以上

② 留余线适当长度剪掉折回压紧，防止线端插破所绑扎的绝缘层。

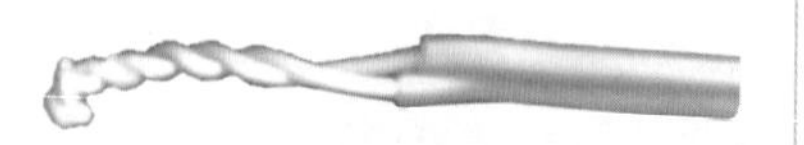

折回剪掉

2）三根及以上导线连接

① 将连接线端相并合，在距离绝缘层 15mm 处用其中一根线芯，在其连接线端缠绕 5 圈剪掉。

并和

② 把余线有折回压在缠绕线上。

折回

3）不同直径导线连接

① 如果细导线为软线时，则应先进行挂锡处理。先将细线压在粗线距离绝缘层15mm处交叉，并将线端部向粗线端缠卷5圈。

缠绕

② 将粗线端头折回剪掉，压在细线上。

折回

4）绞线并接

① 将绞线破开顺直并合拢。

并和

② 用多芯分支连接缠卷法弯制绑线，在合拢线上缠卷。其长度为双根导线直径的5倍。

缠绕

3.6.5 导线与器具连接

① 把芯线先按电器进线位置弯制成型。

弯制成型

② 将线头插入针孔并旋紧螺钉。如单股芯线较细，可将芯线线头折成双根，插入针孔再旋紧螺钉。

插入拧紧

3.6.6 导线绝缘恢复

(1)直线连接包扎

① 绝缘带应先从完好的绝缘层上包起，先从一端 1 ～ 2 个绝缘带的带幅宽度开始包扎。

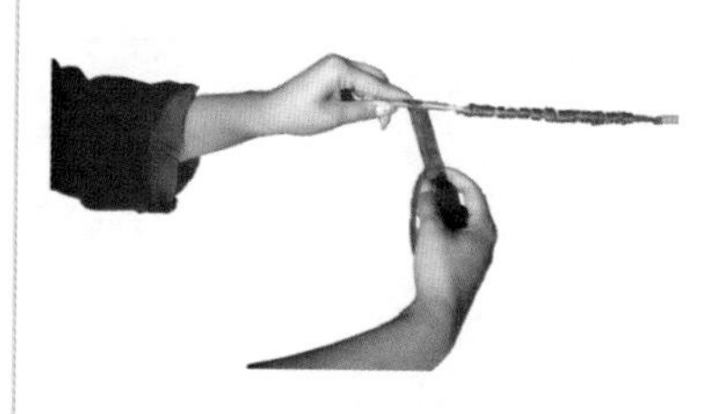

包扎位置选择

② 在包扎过程中应尽可能的收紧绝缘带，包到另一端在绝缘层上缠包 1 ～ 2 圈，再进行回缠。

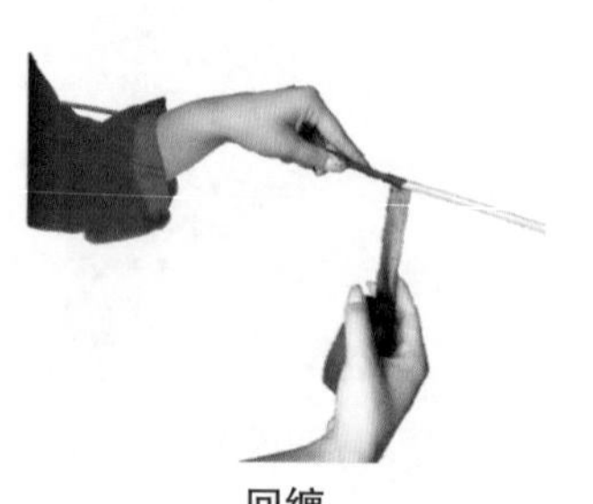

回缠

③ 应半叠半包缠不少于2层。

包扎两层

④ 要衔接好，应用黑胶布的黏性使之紧密地封住两端口，并防止连接处线芯氧化。

包扎要紧密

（2）并接头包扎

① 将高压绝缘胶布其拉长2倍，并注意其清洁，否则无黏性。

拉长2倍

1 2
3 4

② 包缠到端部时应再多缠1～2圈，然后由此处折回反缠压在里面，应紧密封住端部。

端部多缠1~2圈

③ 连接线中部应多包扎1～2层，使之包扎完的形状呈枣核型。还要注意绝缘带的起始端不能露在外部，终了端应再反向包扎2～3回，防止松散。

包成枣核状

3.6.7 家装改造实例

（1）线路设计

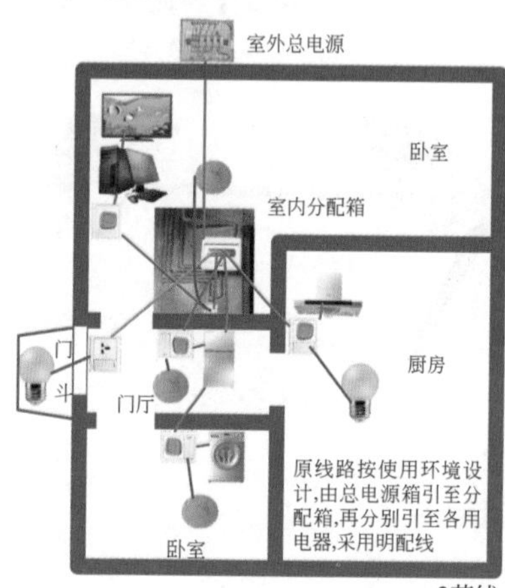

原线路图

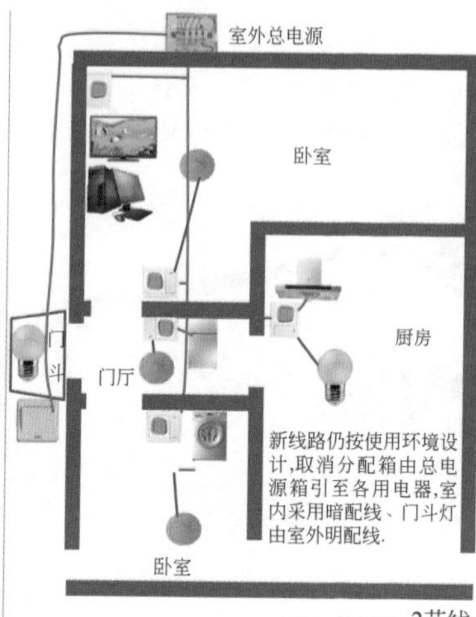

设计线路图

（2）布线做法

① 利用原过墙眼穿入塑料保护管。

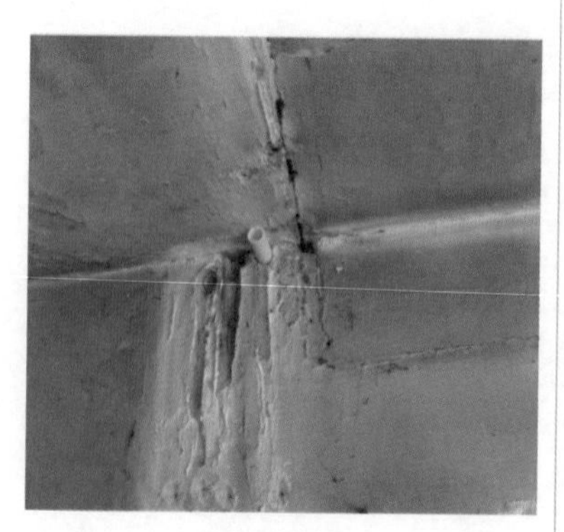

穿保护管

② 干线整根穿过保护管，不要有接头。

穿线

③ 分支与干线连接按规定缠绕5回。插座和灯具采用一根相线时，零线应接两根。

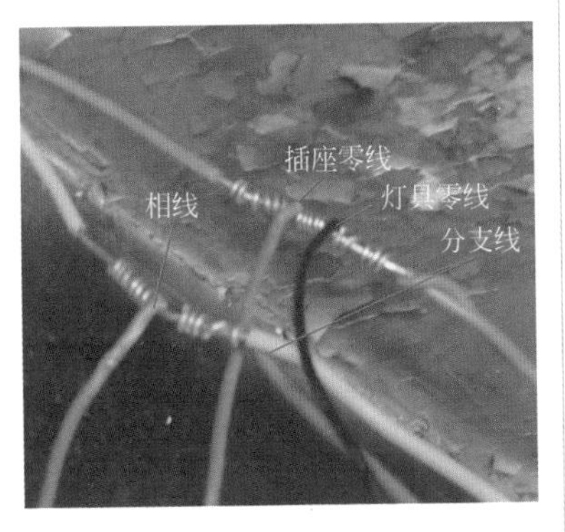

分支与干线连接

④ 注意分支线部位绝缘搭接，包缠紧密。

绝缘恢复

1 2
3 4

⑤ 利用原器具盒位置在墙上镂槽，由于墙皮较薄考虑用塑料线槽代替保护管并固定。

镂槽

⑥ 吊顶配线时应注意电线与龙骨保持一定距离，并在器具盒位置钻孔，穿线。

导线预留

⑦ 导线弯曲时应一手拉住线头，另一手在弯曲部位按捺，边按边移动。

导线平直

（3）一插座一开关的背部接法

① 采用一根相线时，相线接在插座内侧 L 端子，并与开关内侧接线桩连接。

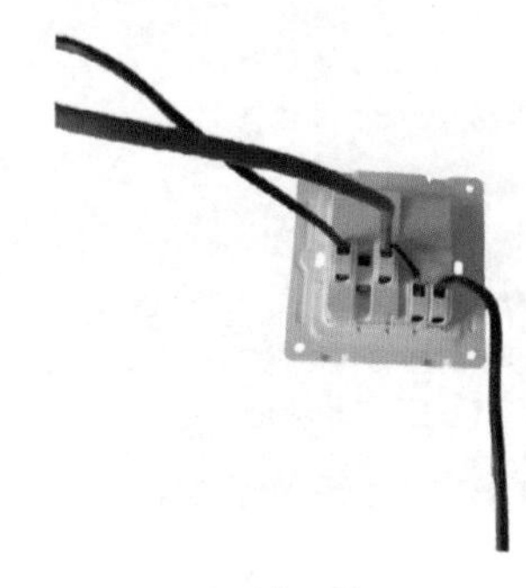

一进二出

② 采用两根相线时，相线分别接在内侧对应 L 接线桩。

二进二出

（4）单联开关背部接线

相线接 L 端子，零线接 N 端子。

(5)三联开关背部接线

相线接L端子，三个进线用导线短起来，三个出线接N端子。

(6)五孔插座背部接线

相线接L端子，零线接N端子，保护线接E端子。

1 2
3 4

(7)一开关五孔插座背部接线

相线接三孔插座L端子，并与开关L端子短接，零线接三孔插座N端子，保护线接三孔E端子。

(8)荧光灯的吊顶安装

① 将导线从灯箱孔洞穿入灯箱。最好加保护管。

穿线

② 将灯箱用木螺钉直接固定在龙骨上。

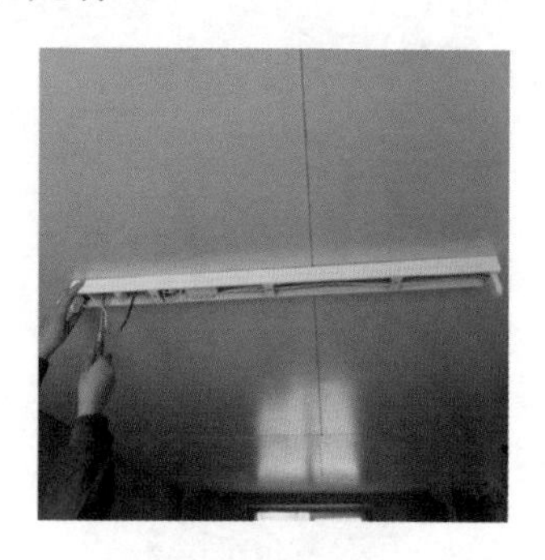

固定

③ 注意开关控制相线。

接线

1 2
3 4

（9）门斗灯安装

① 拉线开关位置选在门斗下面的墙上，木台抠槽穿线，用钢钉直接固定在墙上。

木台固定

② 接线后将底座直接固定在木台上。

底座固定

③ 出线孔选择在龙骨旁边，接线注意零线接螺口。

接线

④ 将导线向回送一些。摆正灯座。

摆正

1 2
3 4

⑤ 用木螺钉将底座固定在龙骨上。

灯座固定

3.7 电气照明的维修

3.7.1 常用照明控制线路

(1) 一只单联开关控制一盏灯线路

一只开关控制一盏灯线路是最简单的照明布置。电源进线、开关进线、灯头接线均为2根导线（按规定2根导线可不画出其根数）。

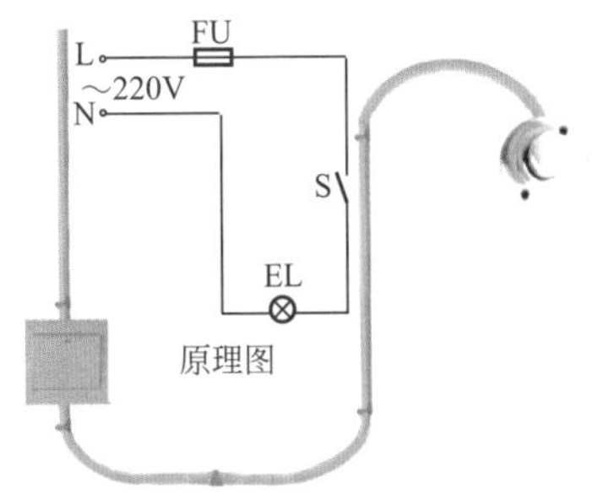

一只单联开关控制一盏灯线路

（2）一只单联开关控制一盏灯并另接一插座线路

在开关旁边并接一个插座，是一只单联开关控制一盏灯的扩展。

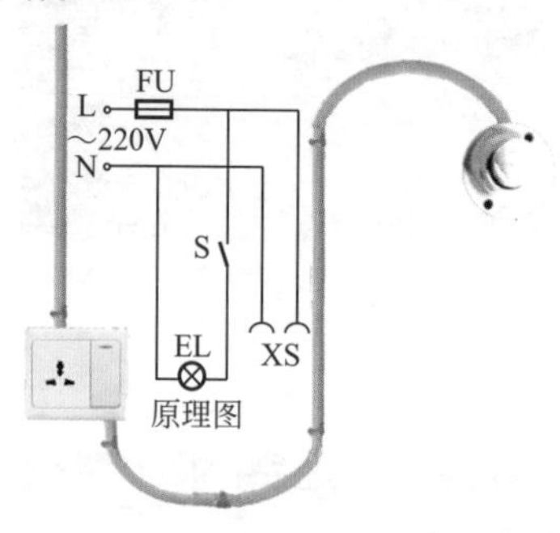

一只单联开关控制一盏灯并另接一插座线路

（3）一只单联开关控制两盏灯线路

两盏灯共用一个开关，同开同灭。

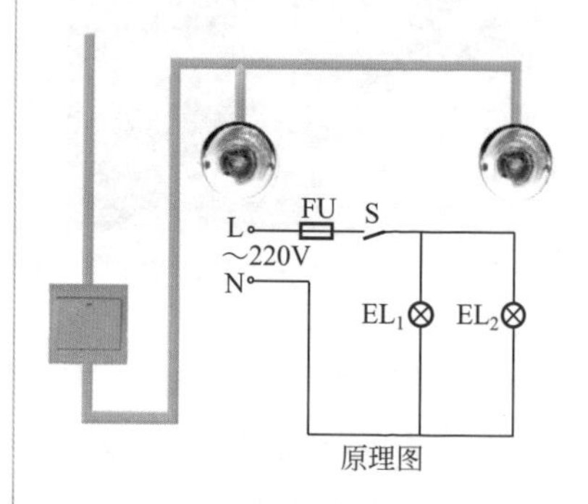

一只单联开关控制两盏灯线路

3.7.2 照明线路短路故障判断

（1）干线检查

将被测线路上的所有支路上的开关均置于断开位置，把线路的总开关拉开，将试灯串接在被测线路中，然后闭合总开关。如此时试灯能正常发光，说明该线路确有短路故障且短路故障在线路干线上，而不在支线上；如试灯不亮，说明该线路干线上没有短路故障，而故障点可能在支线上，下一步应对各支路按同样的方法进行检查。

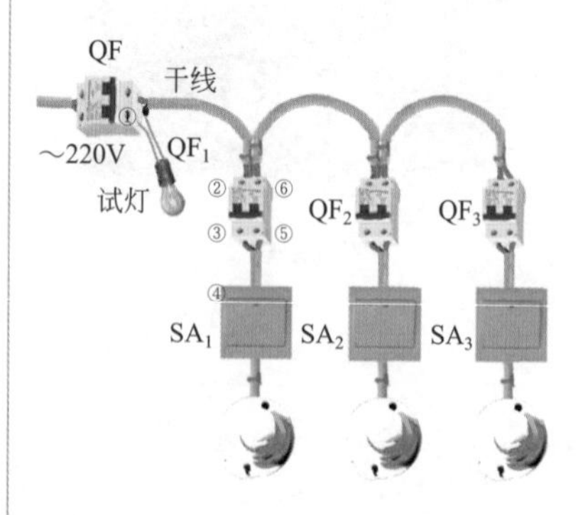

干线查找

（2）支线检查

在检查到直接接照明负荷的支路时，可顺序将每只灯的开关闭合，并在每合一个开关的同时，观察试灯能否正常发光，如试灯不能正常发光，说明故障不在此灯的线路上；如在合至某一只灯时，试灯正常发光，说明故障在此灯的接线中。

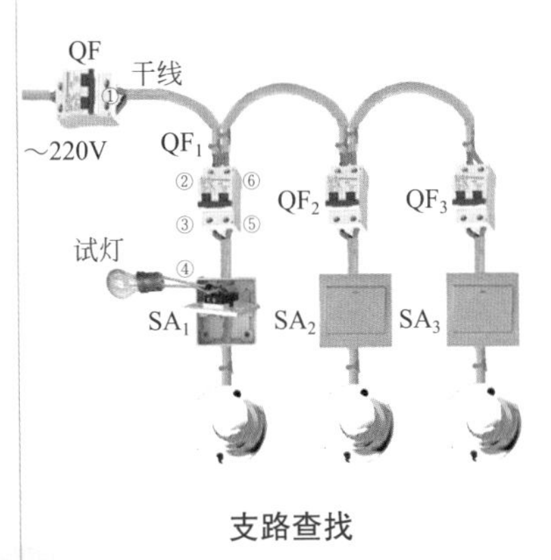

支路查找

1 2
3

3.7.3 照明线路断路故障

（1）试电笔法

可用试电笔、万用表、试灯等进行测试，采用分段查找与重点部位检查相结合进行，对较长线路可采用对分法查找断路点。

以左边支路为例，合上各开关，用试电笔依次测试①、②、③、④、⑤各点，测量到哪一点试电笔不亮即为断路处。应当注意的是测量要从相线侧开始，依次测量，且要注意观察试电笔的亮度，防止因外部电场、泄漏电流引起氖管发亮，而误认为电路没有断路。

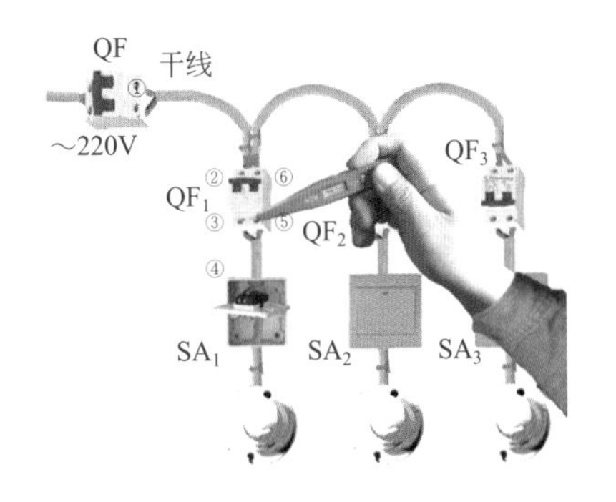

用试电笔查照明线路断路故障

(2)万用表电压分阶测量法

合上各开关，先可测量①、⑥点间的电压，若为220V说明电压正常，然后将一表棒接到⑥上，另一表棒按②、④、⑤点依次测量，分别测量⑥－②、⑥－③、⑥－④、⑥－⑤各阶之间的电压，各阶的电压都为220V说明电路工作正常；若测到⑥－④电压为220V，而测到⑥－⑤无电压，说明断路器附近断路。

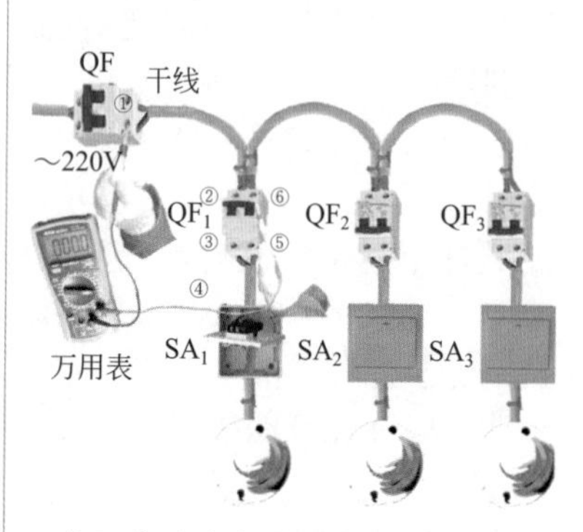

电压分阶法查照明线路断路故障

1 2
3 4

(3)万用表电压分段测量法

合上各开关，先测试①－⑥两点间电压，若为220V，说明电源电压正常，然后逐段测量相邻点①－②、②－③、③－④、④－⑤、⑤－⑥间的电压。若测量到某两点间的电压为0V时，说明这两点间有断路现象。

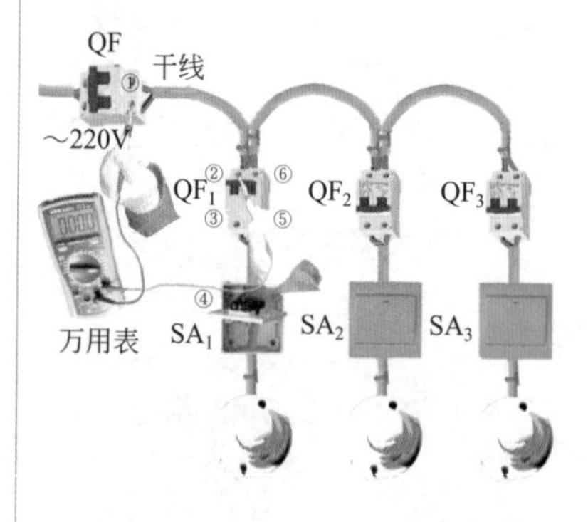

电阻分阶法查照明线路断路故障

(4)万用表电阻分阶测量法

首先断开电源QF，然后按下QF_1、SA_1，测量①－⑥两点间的电阻，若电阻为无穷大，说明①－⑥之间电路断路，然后分别测量①－②、①－③、①－④、①－⑤各点之间的电阻值，若某点电阻值为0（注意灯泡的电阻不为零）说明电路正常；若测量到某线号之间的电阻值为无穷大，说明该点或连接导线有断路故障。

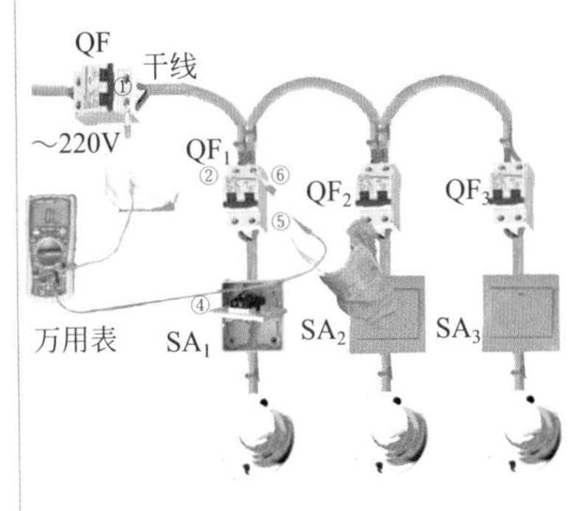

电阻分段法查照明线路断路故障

(5)万用表电阻分段测量法

检查时，先按下QF_1、SA_1，然后依次逐段测量相邻点①－②、②－③、③－④、④－⑤、⑤－⑥间的电阻值，若测量某两线号的电阻值为无穷大，说明该触点或连接导线有断路故障。

电阻测量法虽然安全，但测得的电阻值不准确时，容易造成错误判断。

注意以下事项：

① 用电阻测量法检查故障时，必须先断开电源。

② 若被测电路与其他电路并联时，必须将该电路与其他电路断开，否则所测得的电阻值误差较大。

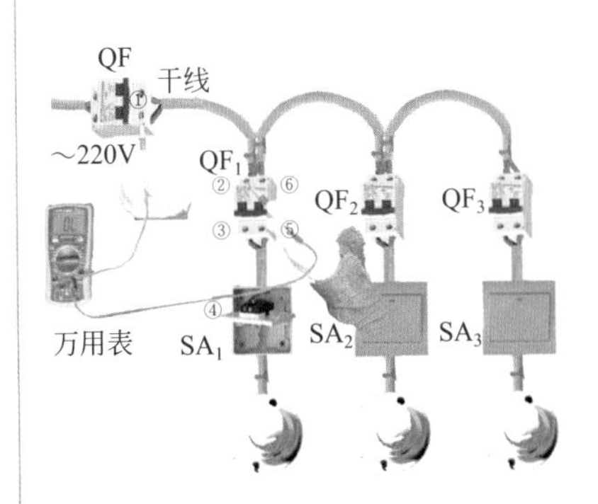

电阻分段法查照明线路断路故障

3.7.4 照明线路漏电

① 在被测线路的总开关上接上一只电流表，断开负荷后接通电源，如电流表的指针摆动，说明有漏电。

② 切断零线，如电流表指示不变或绝缘电阻不变，说明相线与大地之间漏电。如电流表指示回零或绝缘电阻恢复正常，说明相线与零线之间漏电。如电流表指示变小但不为零，或绝缘电阻有所升高但仍不符合要求，说明相线与零线、相线与大地之间均有漏电。

③ 取下分路熔断器或拉开分路开关，如电流表指示或绝缘电阻不变，说明总线路漏电。如电流表指示回零或绝缘电阻恢复正常，说明分路漏电。如电流表指示变小，但不为零，或绝缘电阻有所升高，但仍不符合要求，说明总线路与分线路都有漏电，这样可以确定漏电的范围。

④ 按上述方法确定漏电的分路或线段后，再依次断开该段线路灯具的开关，当断开某一开关时，电流表指示回零或绝缘电阻正常，说明这一分支线漏电。如电流表指示变小或绝缘电阻有所升高，说明除这一支路漏电外，还有其他漏电处。如所有的灯具开关都断开后，电流表指示不变或绝缘电阻不变，说明该段干线漏电。

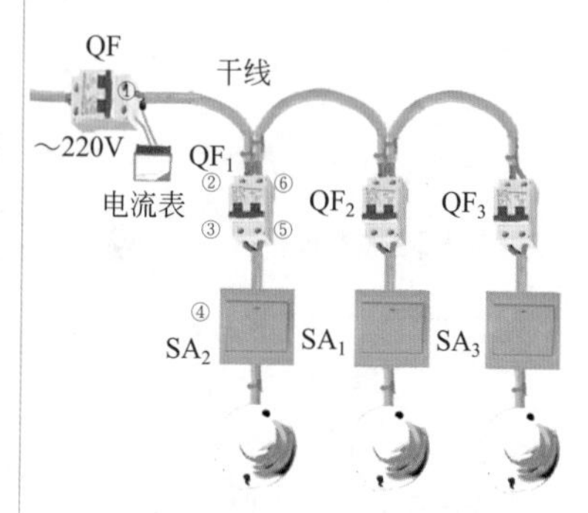

电流表法查照明线路漏电故障

3.7.5 照明线路绝缘电阻降低

① 在总断路器后接一个兆欧表，切断零线，拉开分路断路器，用兆欧表测量绝缘电阻值的大小，如果绝缘电阻为零，说明接地点在干线上。

② 如果电绝缘电阻不为零，分别合上分路断路器，如果合上某个断路器后，绝缘电阻变为零，说明接地点在该分路上。

③ 按上述方法确定接地的分路后，再依次测量该段线路各段导线，如果某段绝缘电阻为零，说明该段接地，可进一步检查该段线路的接头、接线盒、电线过墙处等是否有绝缘损坏情况，并进行处理。

检查时，先按下QF_1、SA_1，然后依次逐段测量相邻点①－②、②－③、③－④、④－⑤、⑤－⑥间的电阻值，若测量某两线号的电阻值为无穷大，说明该触点或连接导线有断路故障。

电阻测量法虽然安全，但测得的电阻值不准确时，容易造成错误判断。

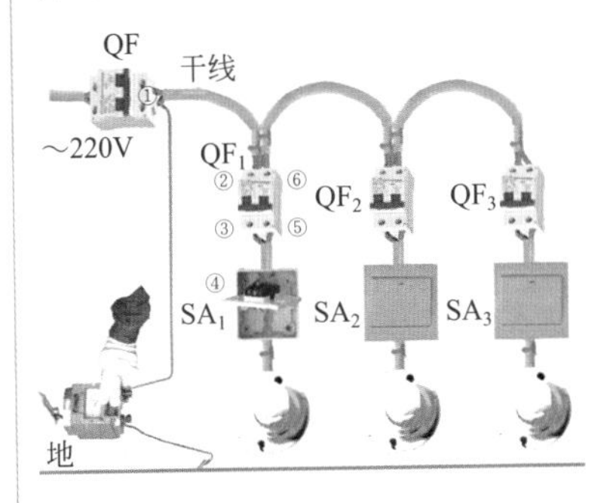

兆欧表法查照明线路接地故障

第4章

照明与家用电器安装

4.1 照明安装

4.1.1 开关插座安装

(1) 拉线开关安装

1）明装

① 根据确定的位置，在墙上安装两个塑料胀管然后将导线从木（塑）台线孔穿出。

木台穿线

② 将木（塑）台固定在塑料胀管上。

多个拉线开关并装时，应使用长方形木台，拉线开关相邻间距不应小于20mm。

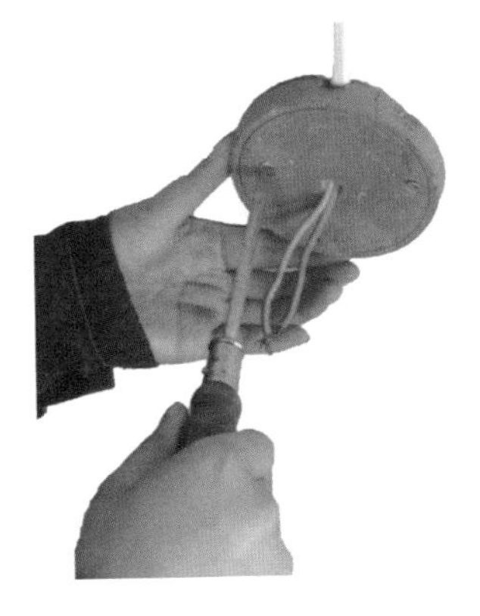

固定木台

③ 拧下拉线开关盖，把两个线头分别穿入开关底座的两个穿线孔内。

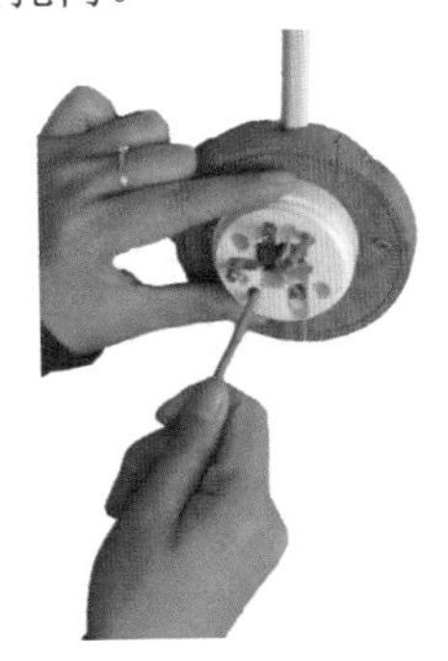

底座穿线

④ 用两枚直径≤ 20mm 木螺栓将开关底座固定在木（塑）台上。注意拉线口应垂直朝下不使拉线口发生摩擦，防止拉线磨损断裂。

底座固定

⑤ 把导线分别接到接线桩上。

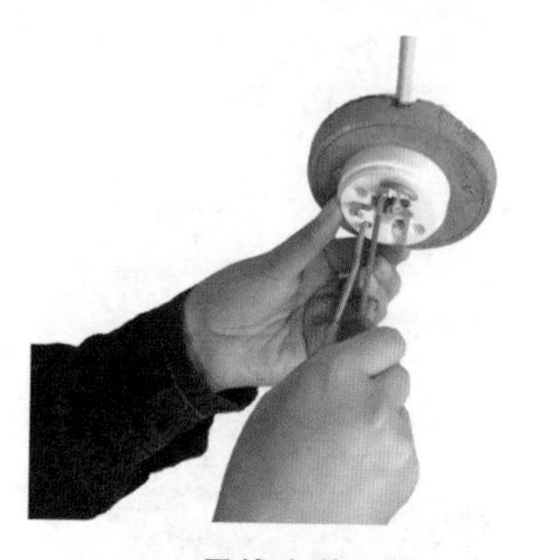

导线安装

⑥ 然后拧上开关盖。

安装在室外或室内潮湿场所的拉线开关，应使用瓷质防水拉线开关。

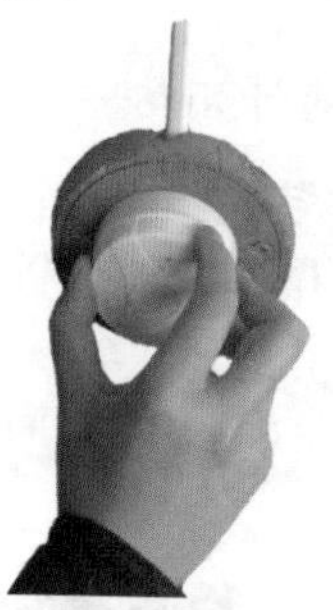

开关盖安装

2）暗装

① 暗装拉线开关先将八角盒内导线留够余量剪断。

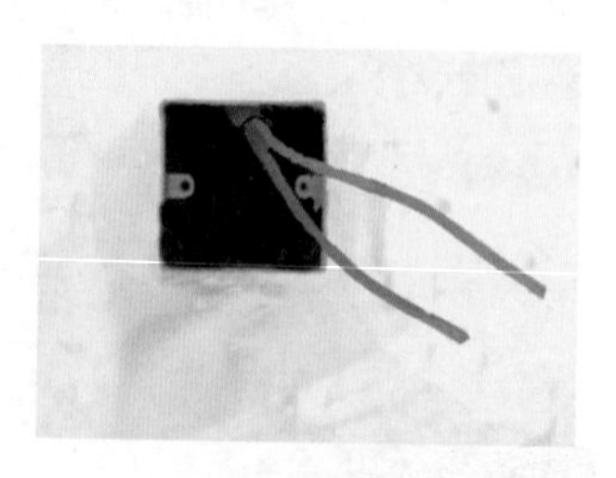

剪断导线

② 将导线穿过木（塑）台后直接固定在八角盒上，后面的步骤与明装相同。

固定木台

（2）翘板开关安装

1）跷把开关明装

① 根据要求在安装位置安装木榫或膨胀管，然后将导线穿过明装八角盒线孔。

穿线

② 用自攻螺钉将八角盒固定在木榫或膨胀管上，不能倾斜。

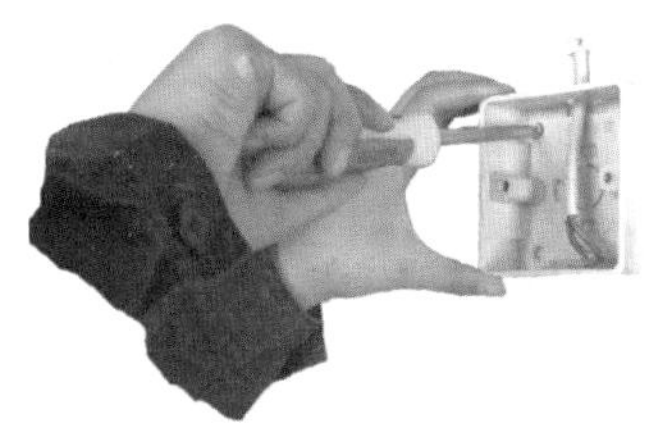

固定八角盒

③ 采用不断线连接时，开关接线后两开关之间的导线长度不应小于150mm，且在线芯与接线桩上连接处不应损伤线芯。

接线

④ 用螺丝刀将底板固定在八角盒螺孔上。

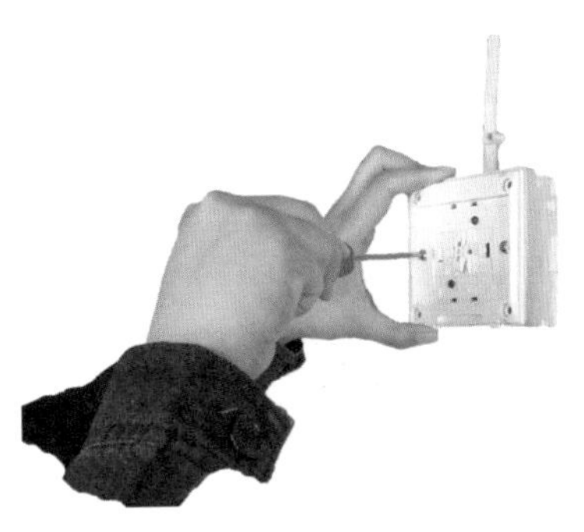

底板固定

⑤ 跷把开关无论是明装、还是暗装，均不允许横装，即不允许把手柄处于左右活动位置，因为这样安装容易因衣物勾拉而发生开关误动作。

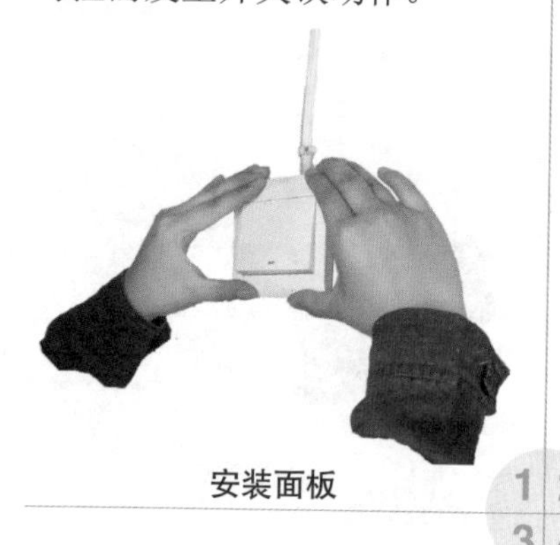

安装面板

⑥ 钢管明配线翘板开关安装方法与此相同。

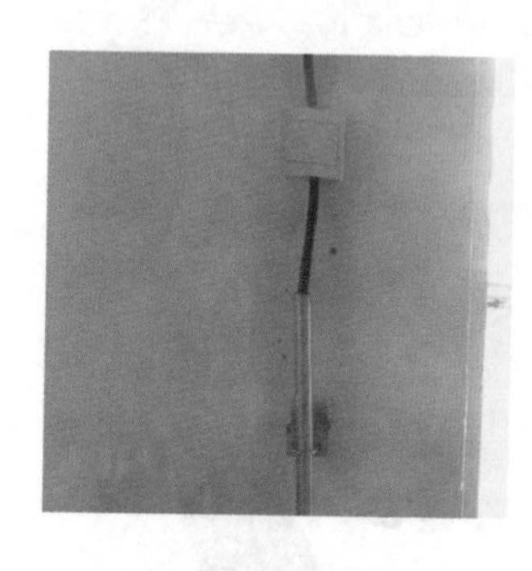

钢管配线翘板开关明装

2）翘板开关暗装

① 暗装翘板开关穿线后可以将导线连接在接线桩上。

接线

② 将底板直接固定在八角盒上。

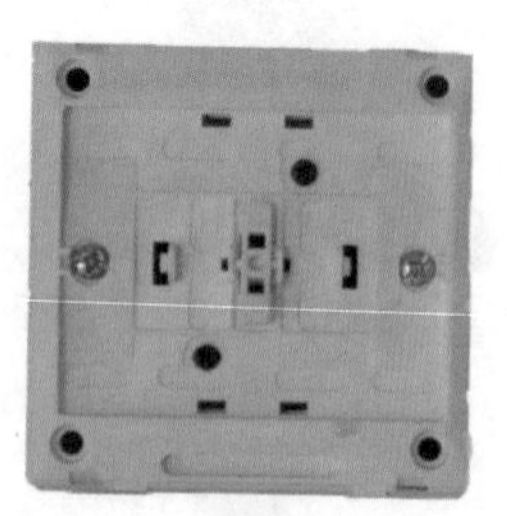

固定

(3)气密式组合开关的安装

① 根据安装位置和开关底孔距离，在墙上打孔安装膨胀螺栓。导线沿墙明装时采用此法。

安装膨胀螺栓

② 将导线绝缘剥除后穿入线孔，注意橡胶垫一定放平，不能丢弃。

穿线

③ 将外壳固定在膨胀螺栓上，一般两点就可以了。

固定

④ 将导线按需要长度剪断后弯制成羊角弯，零线直接连接在一起。

制作羊角弯

⑤ 将导线连接在接线桩上，为了确定触头组可以用万用表辅助。

接线

⑥ 扣上面罩后，将手柄用螺栓拧紧。

安装手柄

⑦ 导线支架安装时，开关可以安装在支架上。

支架安装

（4）插座安装

1）暗装

① 将导线安装在接线桩上，注意面对插座，单相双孔插座应水平排列，右孔接相线，左孔接中性线；单相三孔插座，上孔接保护地线（PEN），右孔接相线，左孔接中性线；三相四孔插座，保护接地（PEN）应在正上方，下孔从左侧分别接在L1、L2、L3相线。同样用途的三相插座，相序应排列一致。

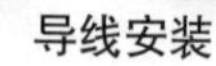

导线安装

② 将底板固定在八角盒上。

底板安装

③ 将面板扣在底座上。

开关周围抹灰处应尺寸正确、阳角方正、边缘整齐、光滑。墙面裱糊工程在开关盒处应交接紧密、无缝隙。

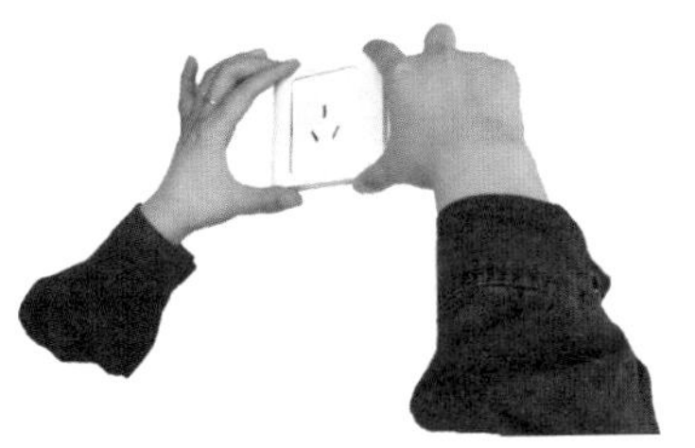

面板安装

④ 饰面板（砖）镶贴时，开关盒处应用整砖套割吻合，不准用非整砖拼凑镶贴。

(a) 正确

(b) 不正确

开关镶贴方法

2）插座明装

① 将一块厚度合适的木板安装在预定位置，以固定底板。

自制木台安装

② 右孔接相线，左孔接地线。

接线

③ 底板的安装不应倾斜，固定牢固。

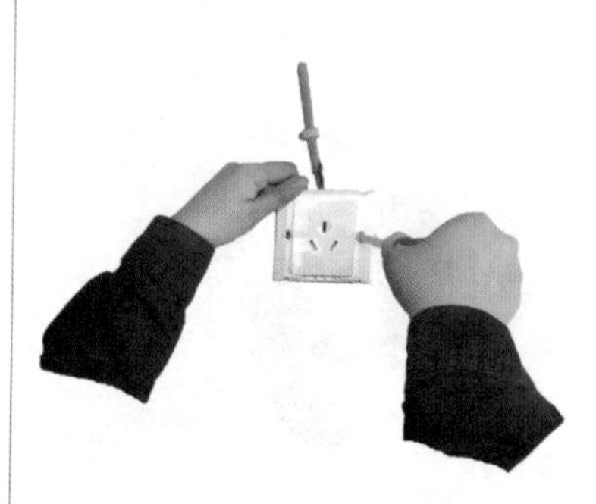

底板安装

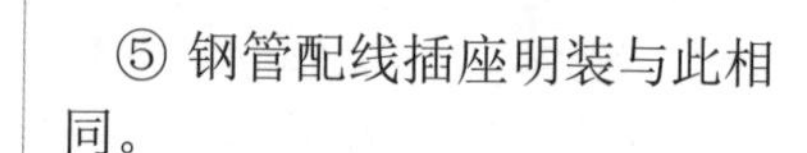

④ 安装面板，可使用一字螺丝刀辅助安装。

面板安装

⑤ 钢管配线插座明装与此相同。

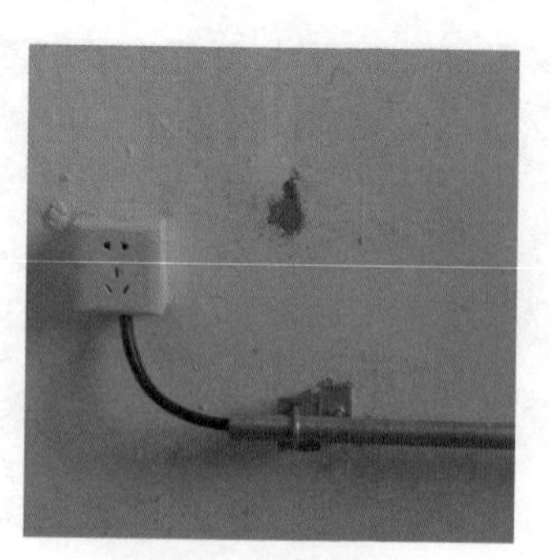

钢管配线插座明装

(5)临时插座的安装

① 拆除背部螺钉，取下前盖。

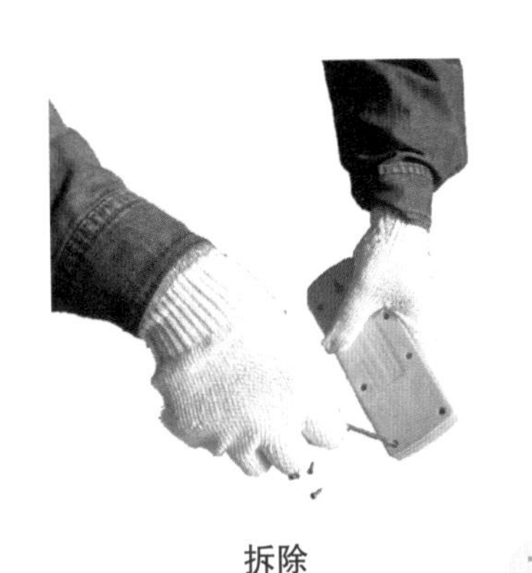

拆除

② 用剥线钳剥除导线绝缘，注意长度适合。

剥除绝缘

1 2
3 4

③ 将芯线顺时针扭一下，去除头部毛刺。

芯线处理

④ 用万用表辅助确定导线两端，由穿线孔穿入并插入接线孔，拧紧。

接线

⑤ 三孔中的保护线要用导线逐一连接。

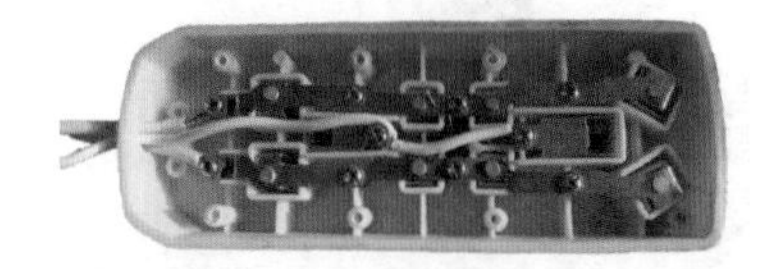

保护线安装

⑥ 安上压线帽，回装后盖。

组装

4.1.2 灯具安装

（1）软线吊灯安装

1）暗装

① 截取所需长度（一般为2m）的软线，两端剥出线芯拧紧（或制成羊眼圈状）挂锡。把软线分别穿过灯座和吊线盒盖的孔洞，然后打好保险扣。

结扣

② 将软线的一端与灯座的两个接线桩分别连接。

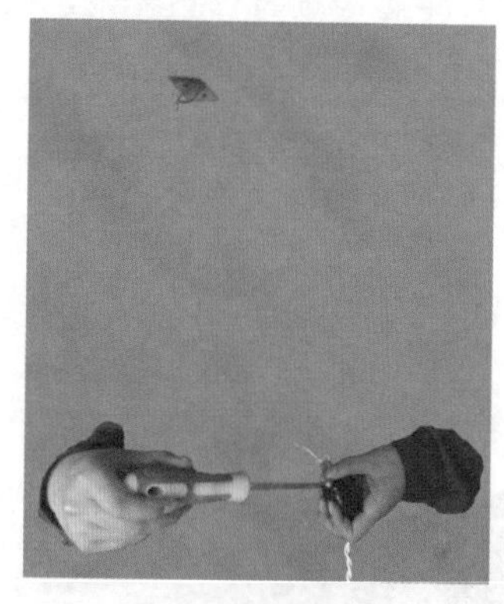

灯座接线

③ 拧好灯座螺口及中心触点的固定螺栓，防止松动，最后将灯座盖拧好。

底座盖安装

④ 把导线由木台穿线孔穿入吊线盒内，与吊线盒的临近隔脊的两个接线桩分别连接。将吊线盒底与木（塑料）台固定牢。

固定吊线盒底座

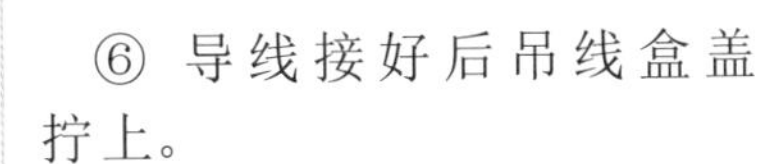

⑤ 注意把零线接在与灯座螺口触点相连接的接线桩上。

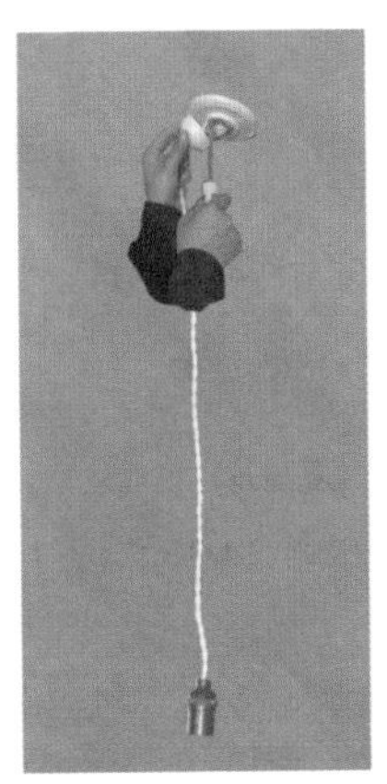

吊线盒导线连接

⑥ 导线接好后吊线盒盖拧上。

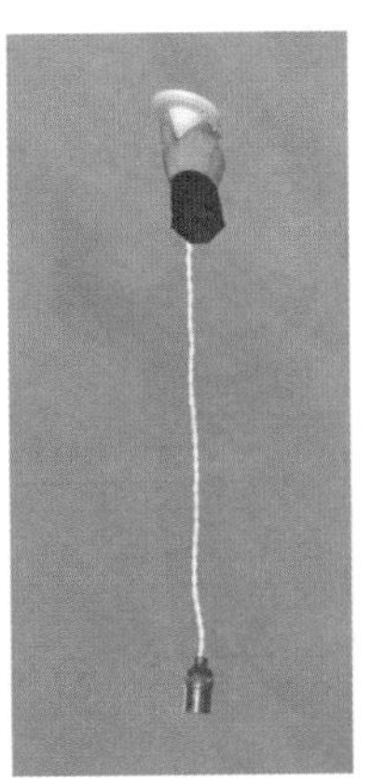

拧上盒盖

2）明装

① 根据安装位置将导线敷设完成后，打孔并装入木榫。

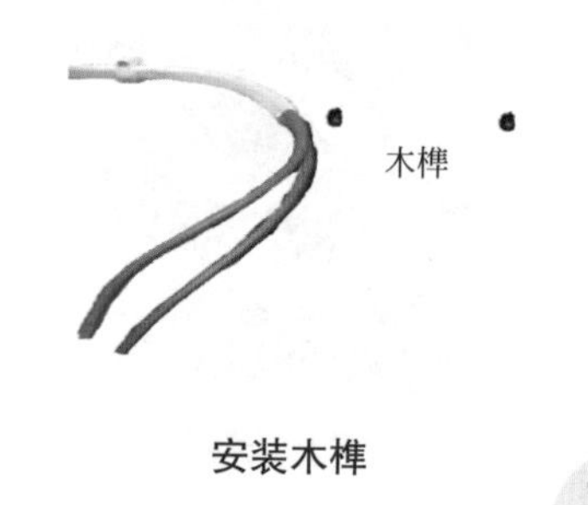

安装木榫

② 导线穿过孔洞后，固定在木榫上，其他步骤与暗装相同。

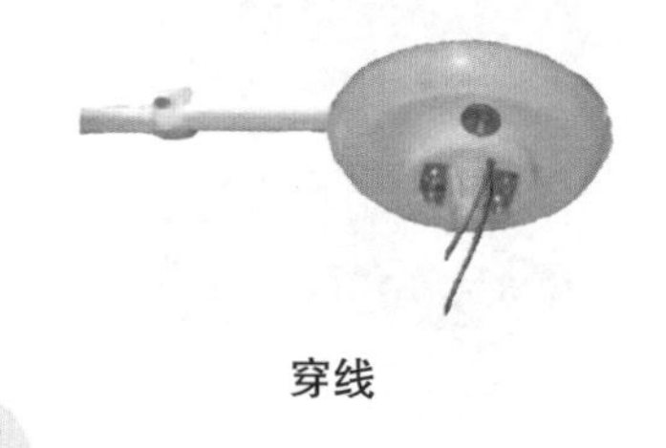

穿线

1 2
3 4

（2）吊杆灯明装

① 根据安装位置安装膨胀管，将导线一端穿入吊上法兰，另一端由下法兰管口穿出。

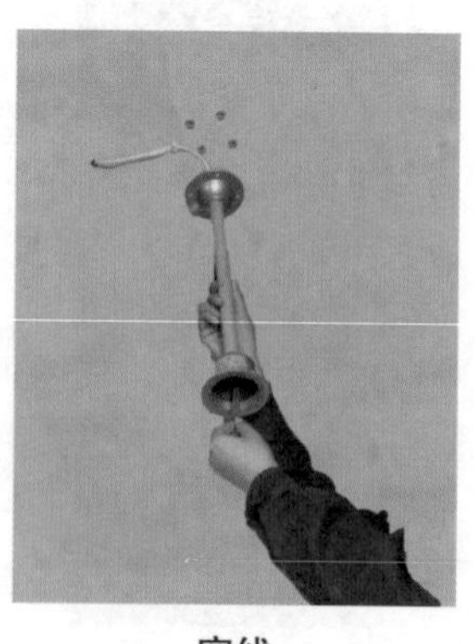

穿线

② 将上法兰用自攻螺栓固定在膨胀管上。

固定吊杆

③ 注意把零线接在与灯座螺口触点相连接的线桩上。

接线

④ 用螺栓将灯座固定在下法兰上。

固定灯座

⑤ 先将护罩穿过灯座，然后再将螺帽拧在法兰螺纹上。

暗装时应将灯具组装，一起固定在八角盒上。

安装护罩

（3）简易吊链式荧光灯安装

① 把两个吊线盒分别与膨胀管或木台固定。

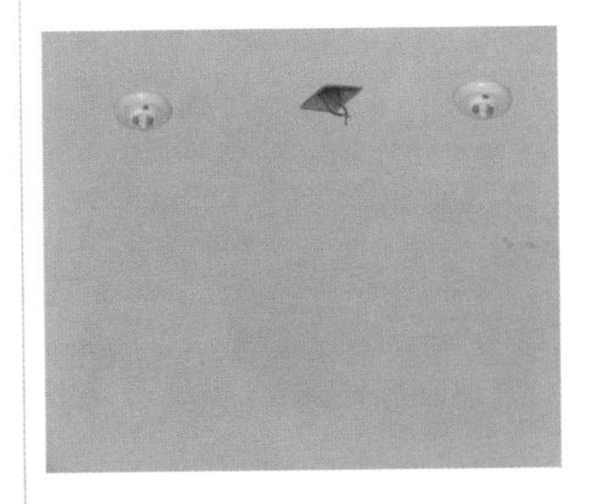

安装吊线盒底座

② 将U形铁丝穿过吊环，并与吊链安装为一体。

吊链组装

③ 将吊线盒盖连同吊链一起安装在底座上。

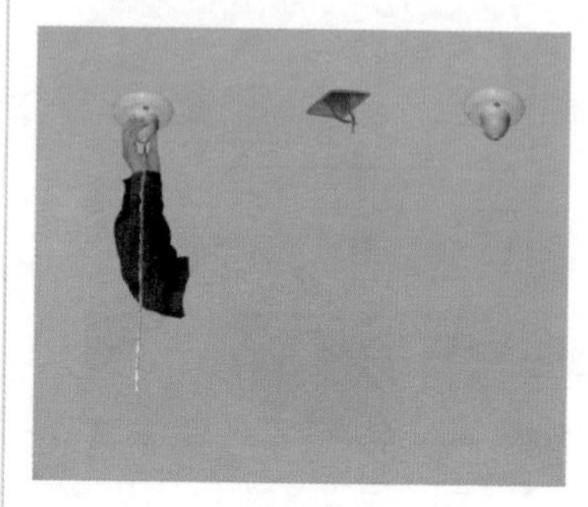

安装吊链

1 2
3 4

④ 同样用U形铁丝将灯箱安装吊链上。

安装灯箱

⑤ 将导线按软线吊灯方法与八角盒内导线连接，下端与灯箱内导线连接。

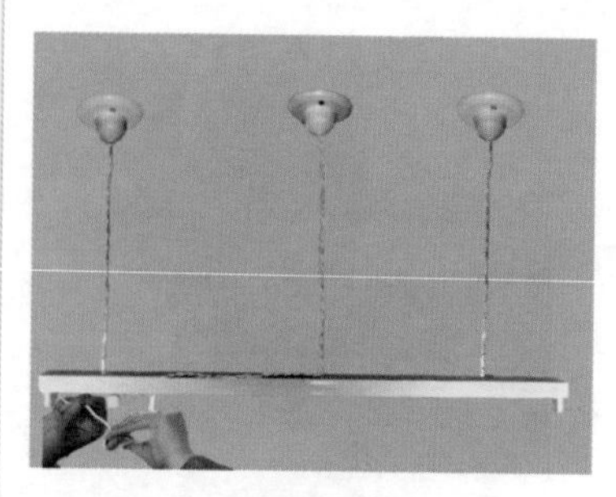

连接导线

⑥ 把灯具的反光板固定在灯箱上，最后把荧光管装好。

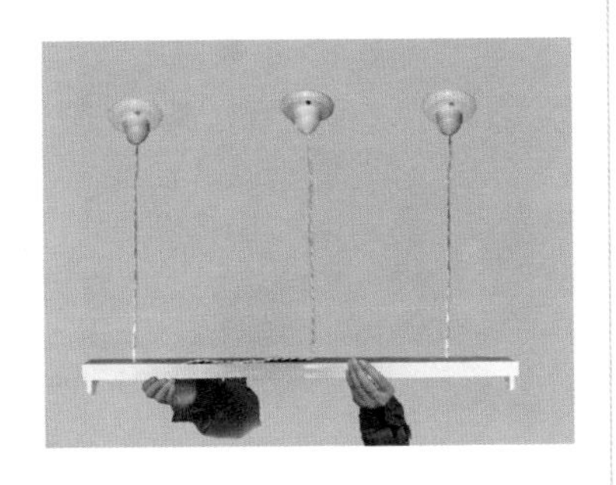

安装反光板

（4）防水吸顶灯的安装

① 根据安装位置，先安装木台或膨胀管，然后将导线由木台的出线孔穿出。

穿线

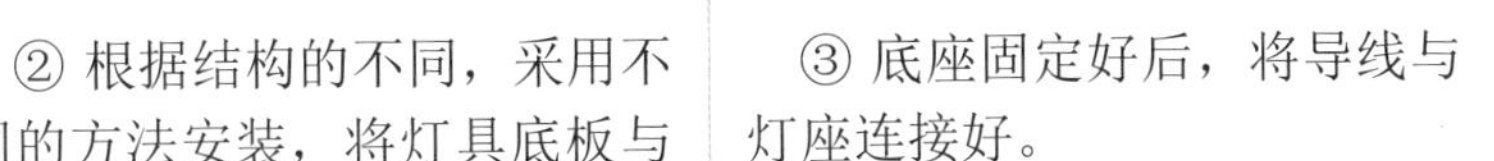

② 根据结构的不同，采用不同的方法安装，将灯具底板与木台进行固定。

安装底座

③ 底座固定好后，将导线与灯座连接好。

连接导线

④ 灯座安装在底座上。

安装灯座

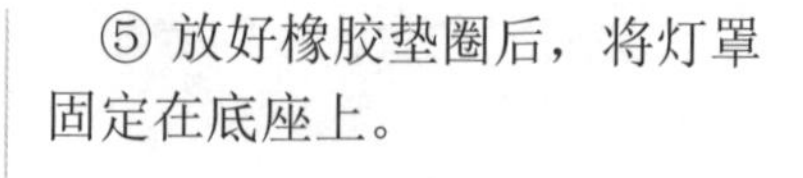

⑤ 放好橡胶垫圈后，将灯罩固定在底座上。

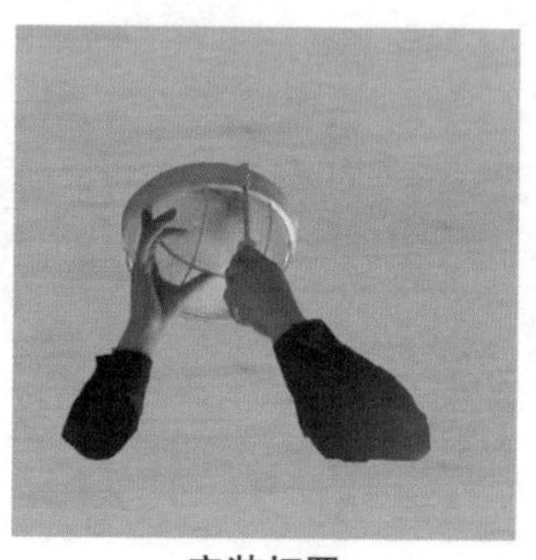

安装灯罩

1 2
3 4

（5）壁灯的安装

1）壁灯明装

① 按照安装位置和挂孔的要求，在墙上安装膨胀夹。

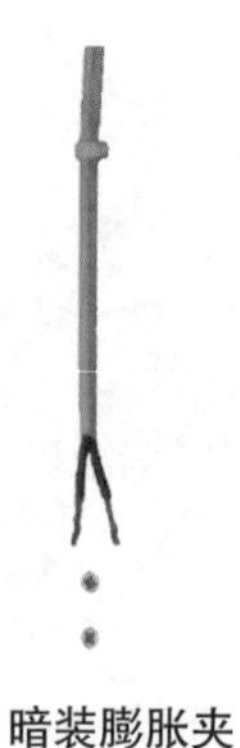

暗装膨胀夹

② 将电源线与灯座导线一一相连。

接线

③ 将灯具挂在膨胀夹上。

固定

④ 安装灯泡，并安装灯罩。

灯罩安装

1 2
3 4

2）壁灯暗装

① 先将底座和支架组装在一起。

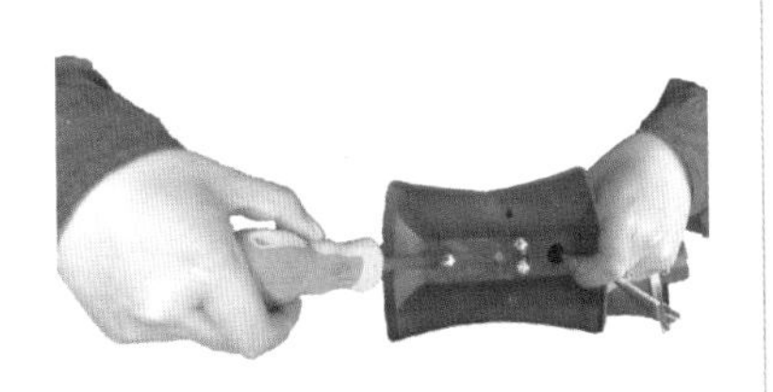

灯具组装

② 将固定板安装在八角盒上。

固定板安装

③ 将固定螺栓穿过固定板孔。

底座螺栓安装

④ 将灯位盒内与电源线相连接，将接头处理好后塞入灯位盒内。

连接导线

⑤ 将灯具底座用螺栓固定八角盒内固定板上。

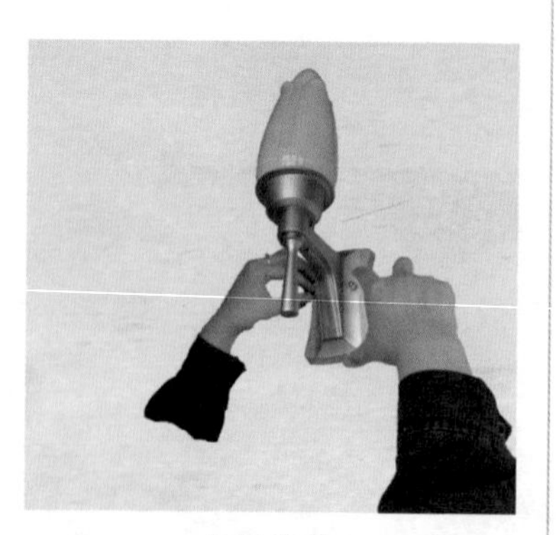

灯具安装

3）荧光灯壁装

钢管明配线荧光灯壁装，先在墙壁打孔安装膨胀夹，然后安装灯箱、接线。

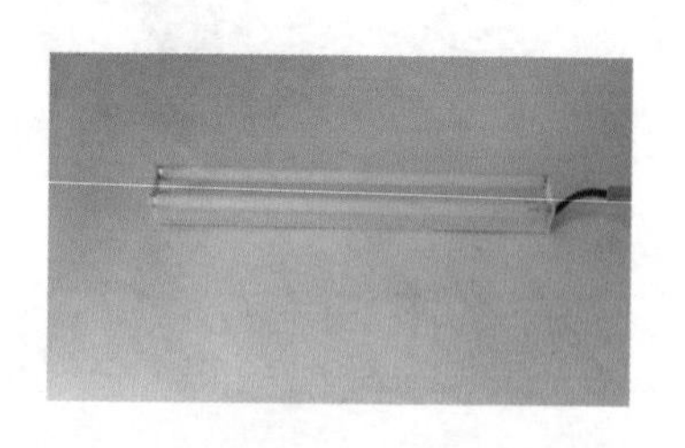

钢管配线荧光灯壁装

（6）荧光吸顶灯的安装

1）暗装

① 根据已敷设好的灯位盒位置和灯箱底板上安装孔位置用电钻在顶棚打孔，安装木榫或胀管，如果已有预埋件时，可利用预埋件固定灯箱。

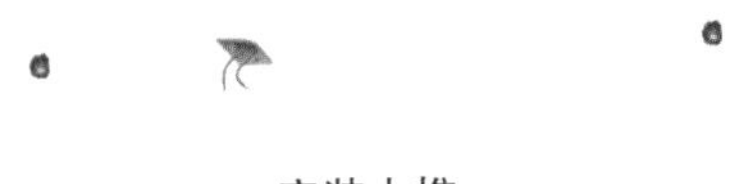

安装木榫

② 将导线从进线孔拉出，如果可能应套上软塑料保护管保护导线，将电源线引入灯箱内。

穿引导线

③ 固定好灯箱，使其紧贴在建筑物表面上，并将灯箱调整顺直。

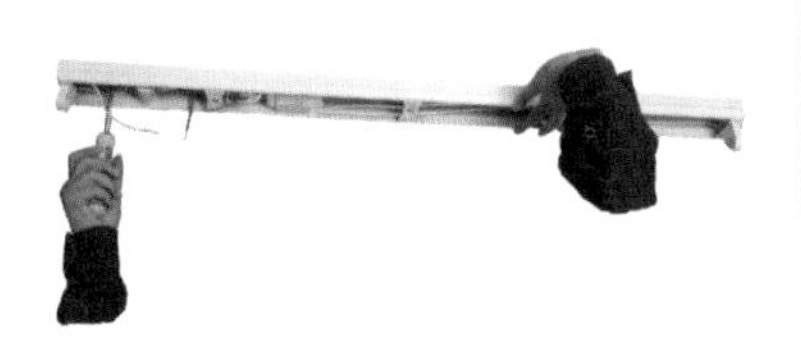

灯箱固定

④ 灯箱固定后，将电源线压入灯箱的端子板（或瓷接头）上，无端子板（或瓷接头）的灯箱，应把导线连接好。

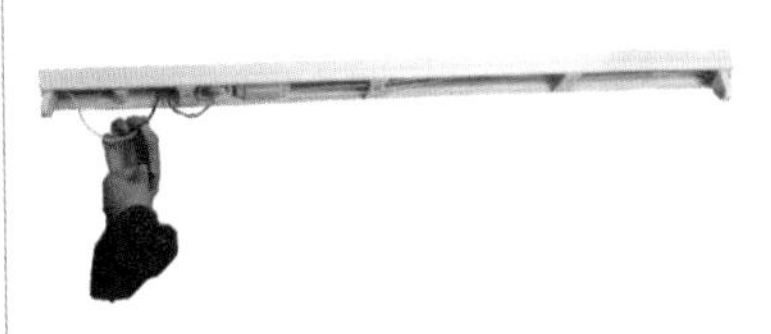

导线连接

⑤ 把灯具的反光板固定在灯箱上，最后把荧光管装好。

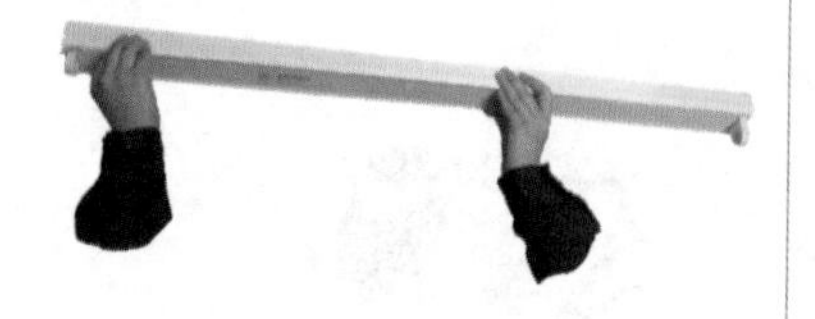

安装反光板

2）明装

① 确定好荧光灯的安装位置，按灯箱的底板上安装孔，用电钻在顶棚打好孔洞，安装塑料胀夹。

安装胀夹

② 固定好灯箱，使其紧贴在建筑物表面上，并将灯箱调整顺直。

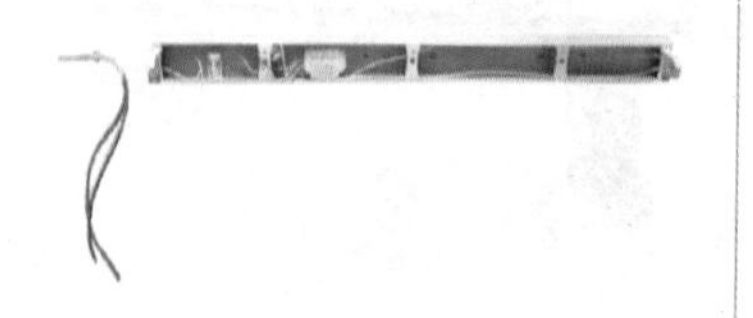

固定灯箱

③ 灯箱固定后，将电源线压入灯箱的端子板（或瓷接头）上，无端子板（或瓷接头）的灯箱，应把导线连接好。

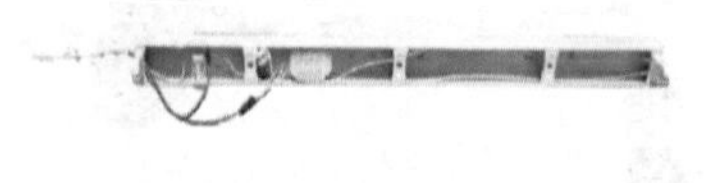

④ 把灯具的反光板固定在灯箱上，最后把荧光管装好。

安装灯管

（7）嵌入式LED灯具安装

① 用曲线锯挖孔，做成圆开口或方开口。

开孔

② 连接电源线与启动器。

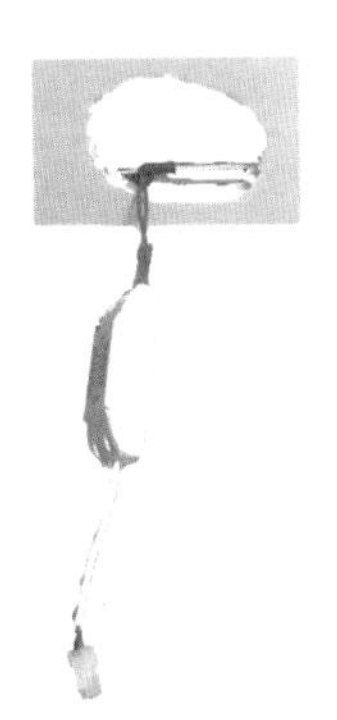

接线

③ 连接启动器与灯头。

连接灯头

④ 扳起卡件将灯头送入安装孔中。

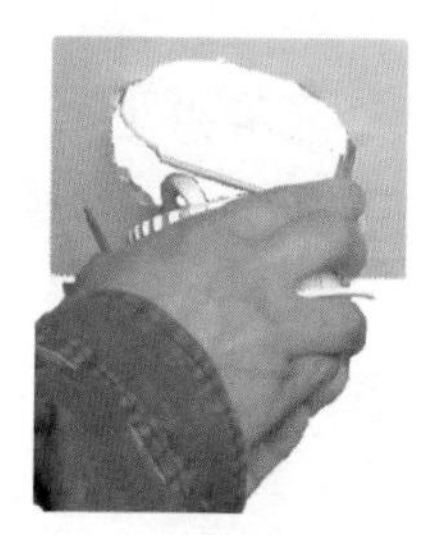

安装灯头

4.1.3 景观照明的安装

（1）射灯的安装

1）射灯草坪支架安装

① 电缆沟按低压电缆沟标准进行，支架坑挖成方形。

沟和坑的挖掘

② 电缆的敷设按低压电缆标准进行。出地面用保护管。

电缆敷设

③ 支架的横杆要略高出地平面，回填土要略高出地面以防塌陷。

支架安装

④ 将灯具固定在支架上，并连接导线。

安装灯具

2）射灯的其他安装

① 射灯墙上安装可用膨胀螺栓固定，导线安装可用电缆墙壁明装方法。

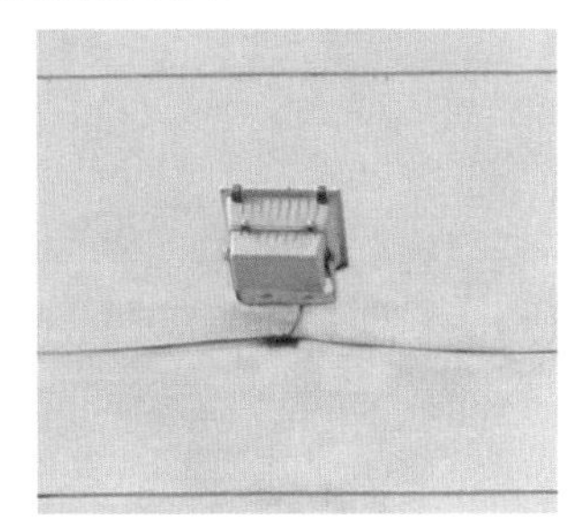

墙上直接安装

② 水泥柱上安装用抱箍固定，导线穿入柱上孔洞引下。

水泥柱上直接安装

③ 铁柱上安装要焊接固定板，射灯固定在固定板上，导线可以穿管引下，也可架空。

铁柱上直接安装

④ 支架可以安装在预埋件上，也可以使用膨胀螺栓固定。

广告牌支架安装

⑤ 用膨胀螺栓直接固定在门斗上。

门斗直接安装

（2）庭院灯的安装

① 按照低压电缆敷设规程挖沟，按照确定好的位置，挖坑将底座安置好。

挖沟和基础坑

② 敷设电缆，并接好线。

③ 按照厂家说明书尺寸制作基础底座，预埋电线管、螺栓，螺栓不小于M20×400。

放置水泥基础

④ 整个灯具立好后，拧紧基础螺栓，安装好的灯具。

安装灯具

1 2
3 4

⑤ 庭院灯在草坪上的安装方法完全相同。

在草坪上

⑥ 壁灯院内柱上安装，采用电线管暗配线，预埋吊钩或膨胀螺栓固定。

⑦ 球灯柱上安装采用电线管暗配线或电缆明装，膨胀螺栓固定灯底座。

（3）悬挂式彩灯的安装

1）小型彩灯的安装

小型悬挂式彩灯支架可用钢管制作并用膨胀螺栓固定，导线按钢索线路方法制作，并将灯具固定在钢索上。

小型彩灯

2）大型彩灯安装

① 建筑物门斗下预埋吊钩，吊钩采用 $\phi 16$ 以上钢筋制作。

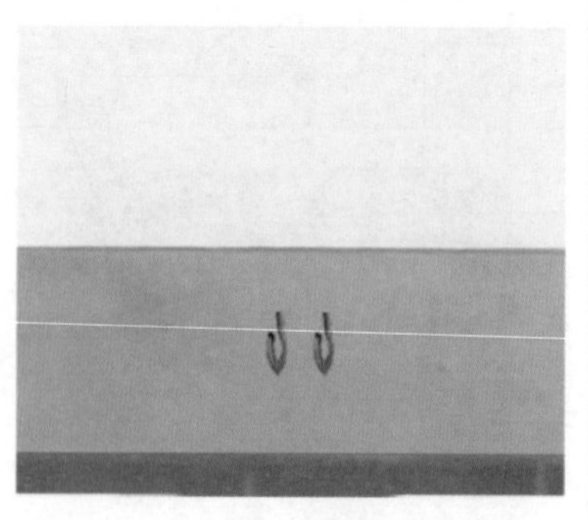

吊钩的预埋

② 支撑物的载荷钢筋也可以采用钢丝绳。

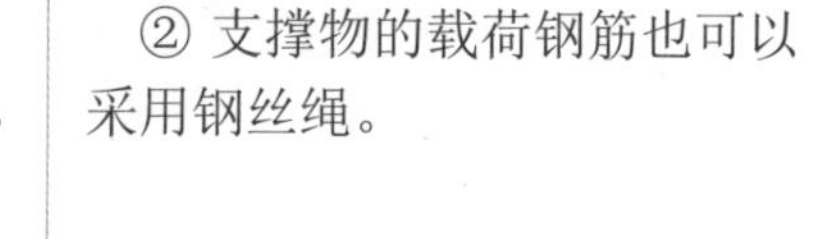

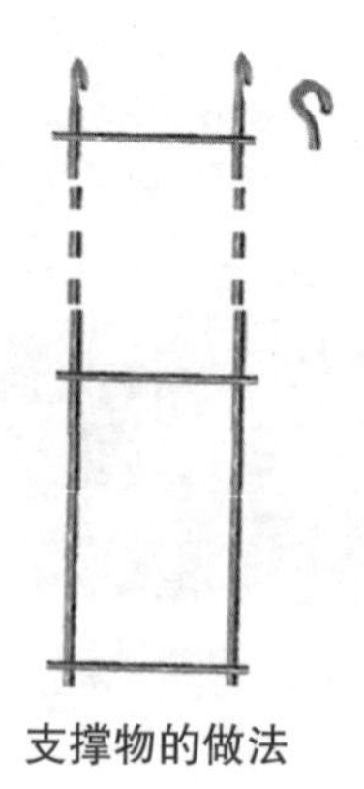

支撑物的做法

采用防水吊线灯头连同线路一起悬挂于支撑物上，导线截面不应小于 $4mm^2$。灯头线与干线的连接应牢固，绝缘包扎紧密。灯间距一般为700mm，距地面3m以下的位置上不允许装设灯头。

悬挂式彩灯安装方法

4.2 家电设备安装

4.2.1 吊扇的安装

(1) 吊钩安装

① 吊钩伸出建筑物的长度应以盖上吊扇吊杆护罩后，能将整个吊钩全部遮住为宜。

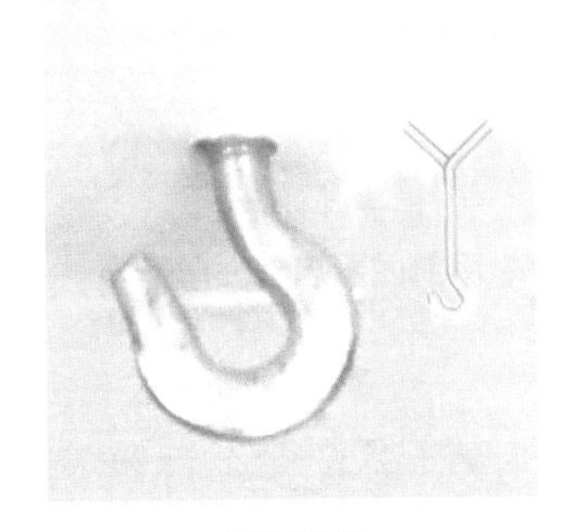

预埋吊钩

② 吊钩也可在土建施完工后，打孔安装膨胀钩。

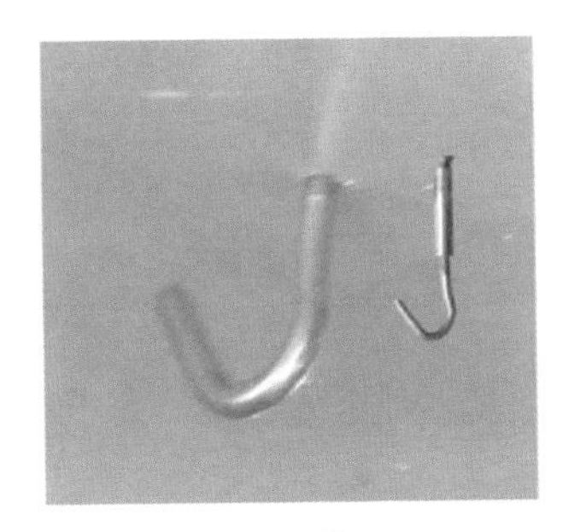

膨胀钩

(2) 安装步骤

① 在下面先将风叶组装好，固定挂环。

组装

② 将吊扇托起，并用预埋的吊钩将吊扇的耳环挂牢，扇叶距地面的高度不应低于 2.5m。

挂入吊钩

③ 按接线图接好电源接线头，并包扎紧密，向上托起吊杆上的护罩，将接线扣于其内。护罩应紧贴建筑物或木（塑）台，拧紧固定螺栓。

接线并扣好保护罩

4.2.2 浴霸的安装

（1）浴霸安装位置的确定

① 吊顶安装时，盥洗室做木质轻龙骨吊顶与屋顶的高度应略大于浴霸高度，且安装完毕，灯泡距离地面 2.1 ～ 2.3m。

② 站立淋浴时，先确定人在卫生间站立淋浴的位置，面向淋浴的喷头，人体背部的后上方就是浴霸的安装位置。

浴霸安装位置的确定

（2）吊顶安装浴霸方法

① 在安装木质轻龙骨时，在浴霸的安装位置安置木档，然后将浴霸通风管与通风窗连接。浴霸电源线经过暗装难燃管穿入接线盒内。

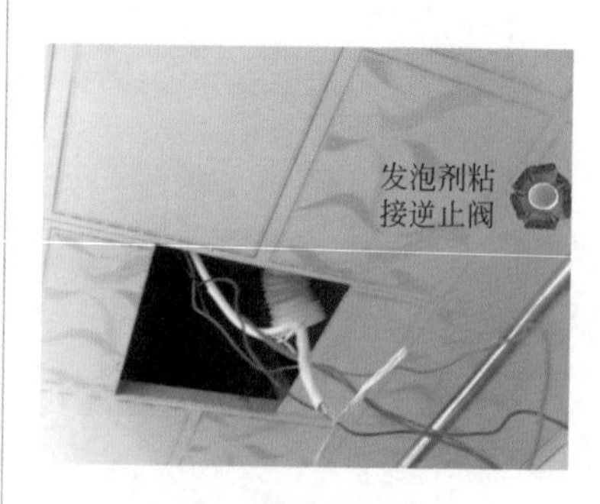

安装电线与排气管

② 注意开关的正确接线与浴霸的连接。

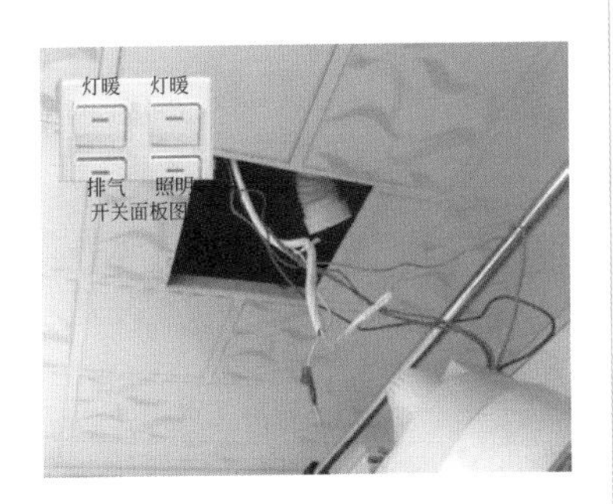

连接电线

③ 将排气管与浴霸连接好，并将浴霸推入预留孔内。

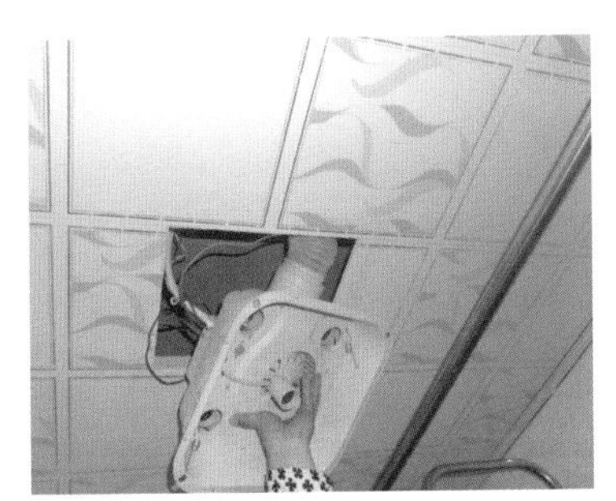

连接排气管

1 2
3 4

④ 用自攻螺钉将浴霸固定在PVC板上。

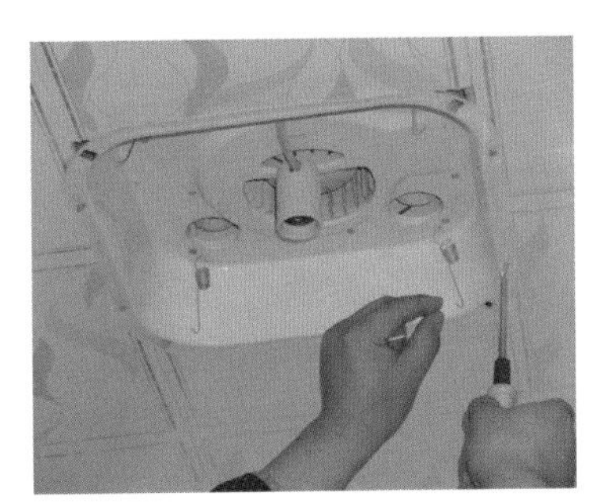

固定底板

⑤ 将面板插入螺栓，并拧装饰螺母。

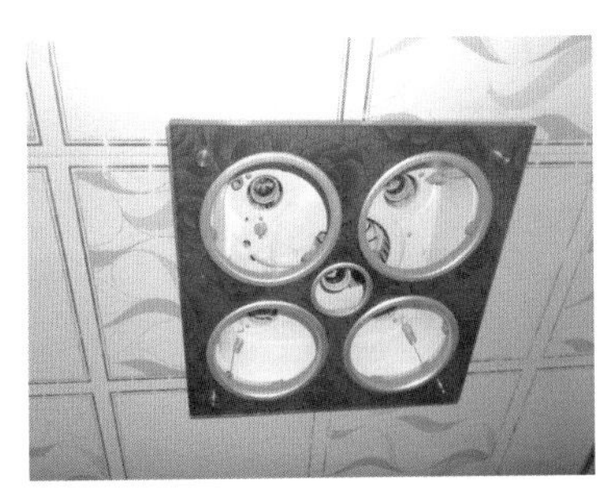

安装面板

⑥ 拧上灯泡，安装护罩。

安装灯泡与护罩

4.2.3 排气扇的安装

（1）确定安装位置

在排气孔上安装排气扇，先将原木框上铁丝网拆除。

确定位置

1 2
3 4

（2）外套固定

在胶合板上开一圆孔，将排气扇外套固定在圆孔上，将胶合板锯成与排气孔尺寸相同的形状。

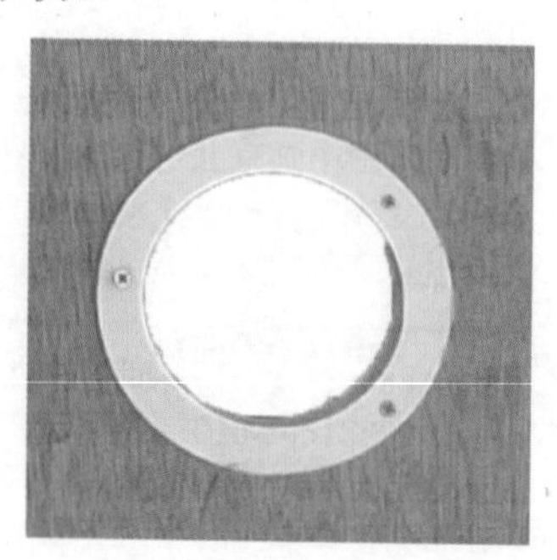

外套固定

（3）木板固定

将胶合板用木螺钉固定在木框上。

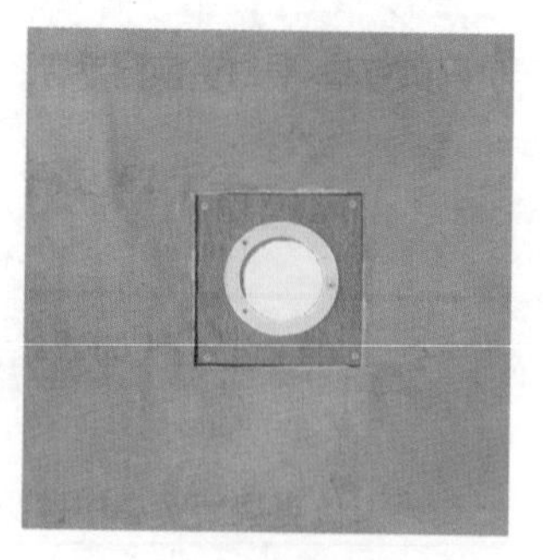

木板固定

(4) 安装主体

将排气扇插入外套，插座的安装应距离排气扇外框 150mm 左右。

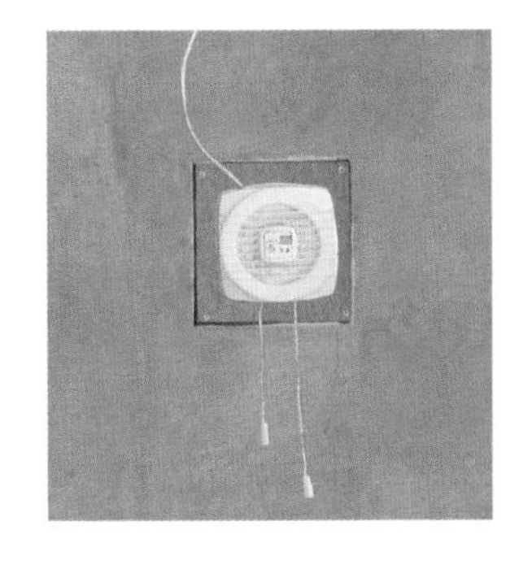

4.2.4 卫星电视的安装

(1) 高频插头与电缆的装配

① 接头长度量好后，切除多余的护套。

切除护套

② 剥开屏蔽层。

剥开屏蔽层

③ 切除绝缘层。

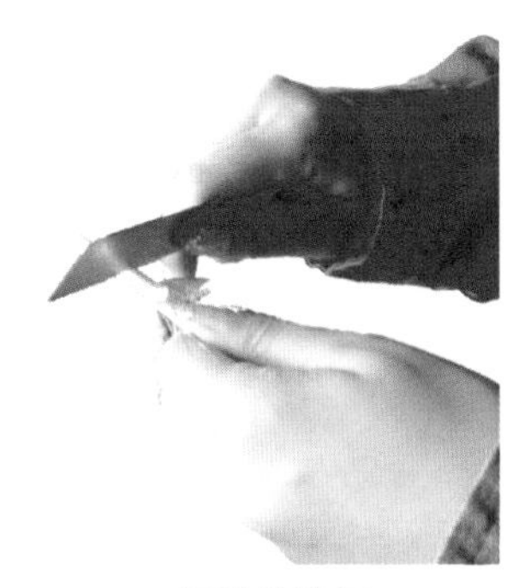

切除绝缘层

④ 将插头元件插入电缆屏蔽层内。

插入接头

⑤ 拧紧螺母后剪断多余屏蔽层。

⑥ 将铜芯预留 2 ～ 3mm 后剪掉。

切除铜芯

（2）天线的安装

① 选择一个有支撑物并且无遮挡的地方安装卫视接收器。

安装膨胀螺栓

② 地点选择好后，在支撑物上按接收器底角尺寸，打4个孔固定接收器。

电缆可以参照护套线敷设的方法固定。

固定接收器

③ 设备连接好后，接通电源，将电视选择在视频1，出现“中国卫星电视”字样，表示线路工作正常。

④ 按下遥控器菜单选择，调整接收器的仰角和转角，使屏幕上“信号强度”和“信号质量”最大。

整个安装过程结束。

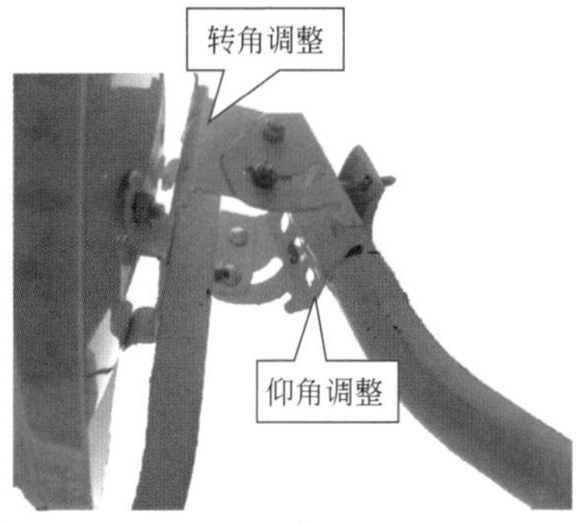

调整

1 2
3 4

4.2.5 网线的安装

(1) 接线盒位置的移动

① 在新盒位与原盒位墙上凿沟，沟的深度为埋入电线管距墙皮10mm以上。

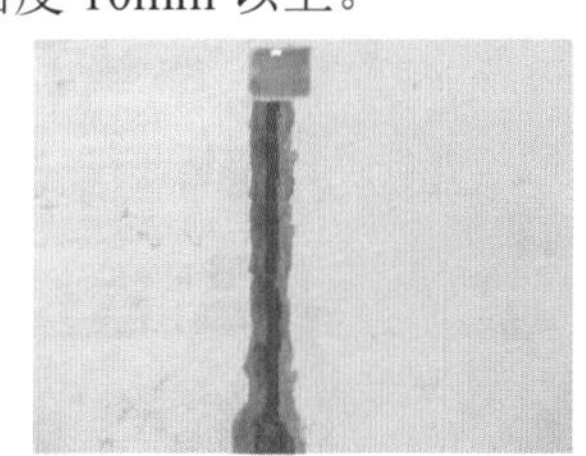

镂槽

② 在新盒位与原盒位敲落孔之间插入电线管。

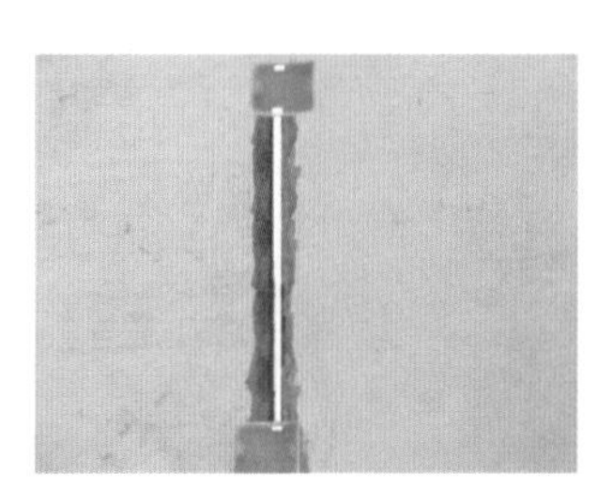

预埋八角盒

（2）水晶头的安装

① 用专用剥线钳将外保护层剥掉。

剪断多余保护层

② 将4组芯线拨开，按白橙、橙、白蓝、蓝、白绿、绿、白棕、棕的顺序排列。

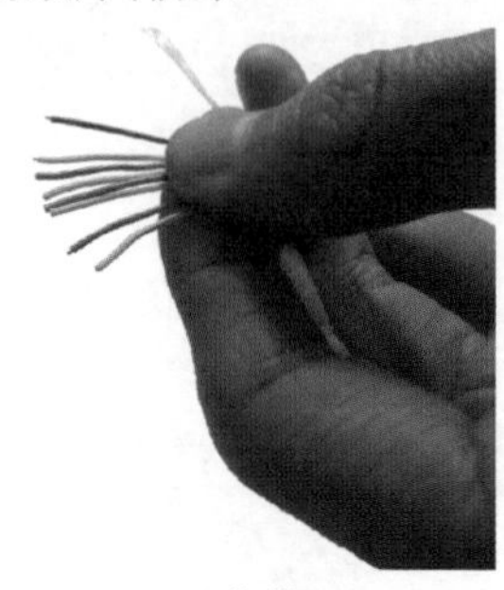

分线

③ 扳直后留足2mm，在剥线钳上将余线剪掉。

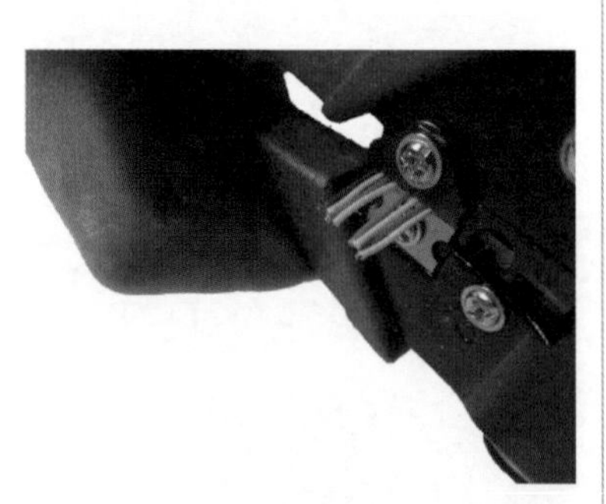

剪断余线

④ 将芯线按顺序插入水晶头，插牢。

插入水晶头

⑤ 用剥线钳的缺口压一下水晶头，使其接触良好。

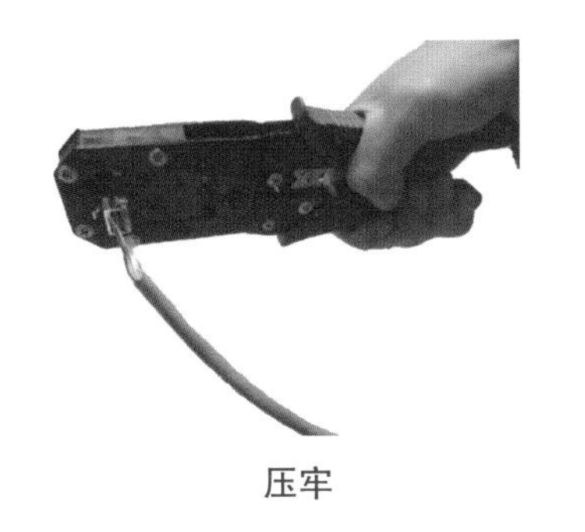

压牢

4.3 安全防范系统安装

4.3.1 防盗报警系统安装

（1）门磁开关的安装

① 明装无线门磁开关，先把干簧管和条形永久磁铁底座分别安装在门扇或门框边上。注意控制两者的安装距离符合产品规定。

底座安装

② 装上干电池，这时打开门，应发出警报声，然后扣上面罩就可以了。暗装时应分别在两部位镂槽，固定在槽内。

面罩安装

（2）传感器的安装

① 选择声电传感器正对着警戒的主要方向。在距离窗框5cm左右将传感器底座固定好。

安装传感器底座及接线

② 安装面盖。探测器不要装在通风口或换气扇的前面，也不要靠近门铃。

安装面盖

③ 将探测器用玻璃胶固定在传感器正下方玻璃上。

安装探测器

（3）红外探测器安装

① 在离地面2.0 ～ 2.2m，远离空调、冰箱、火炉等空气温度变化敏感的地方打孔，安装底座。

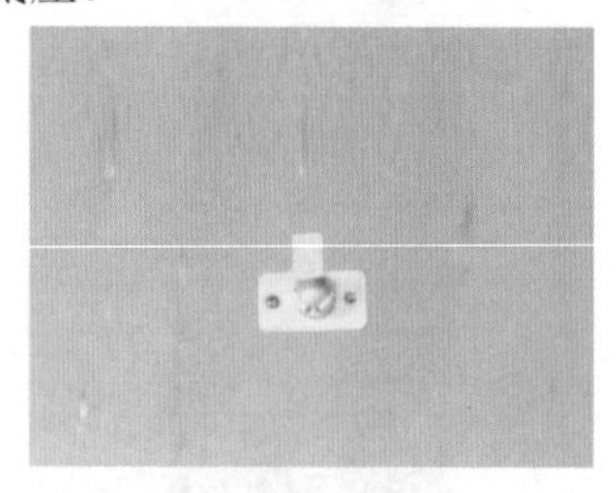

安装传感器底座

② 将传感器插在底座上，并调整与墙壁角度约 15°

安装传感器

③ 接收器应挂壁安装在主人活动区域，位置应靠近插座。

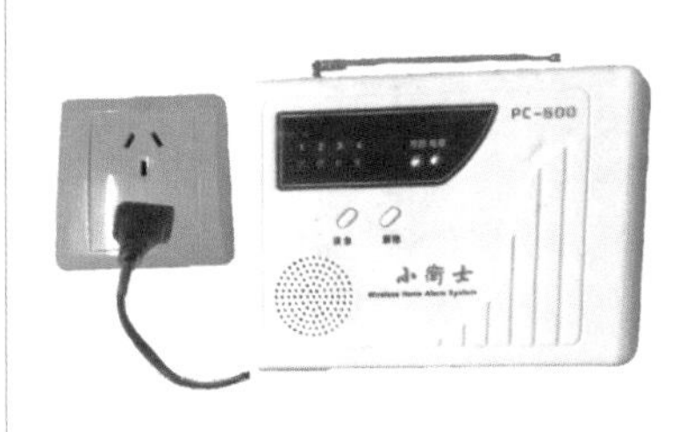

壁挂接收器

(4) 被动红外探测器的安装

1）方式选择

根据保护需要选择布置方式，探测器不宜面对玻璃门窗，不宜正对冷热通风口或冷热源。

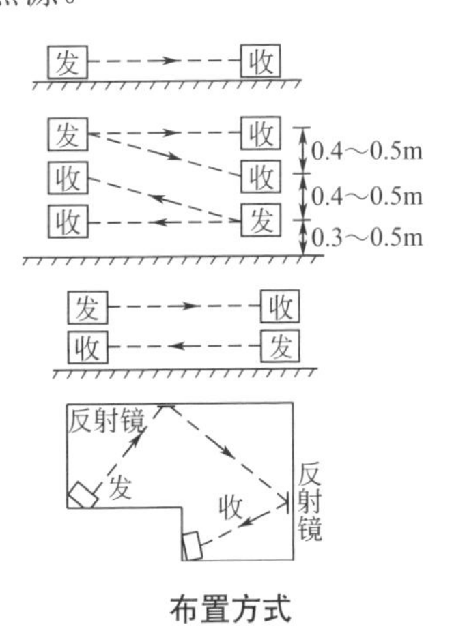

布置方式

2）安装方法

① 钢管固定在水泥基础上，用厂家提供的抱箍固定在钢管上。

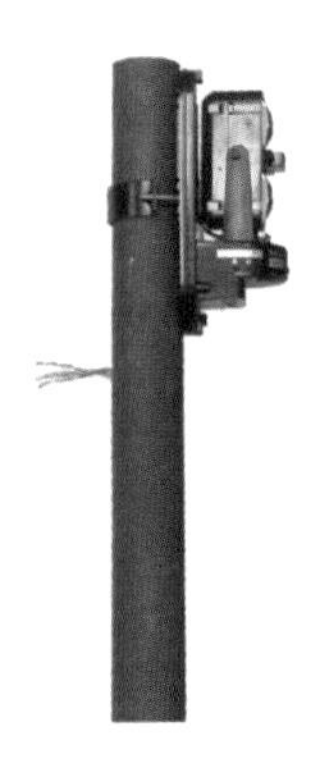

安装底板

② 导线的敷设可根据需要选择，引入地下时采用保护管。

接线

③ 调试完成，安上面罩。

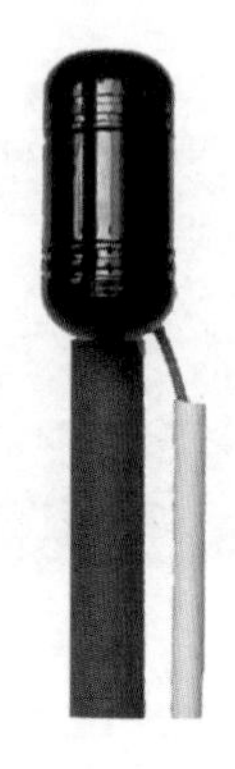

安装面罩

1 2
3 4

（5）被动式红外探测器安装

1）安装位置

要注意探测器的探测范围和水平视角。可以安装在顶棚上（也是横向切割方式），也可以安装在墙面或墙角，但要注意探测器的窗口（透镜）与警戒的相对角度，防止出现“死角”。

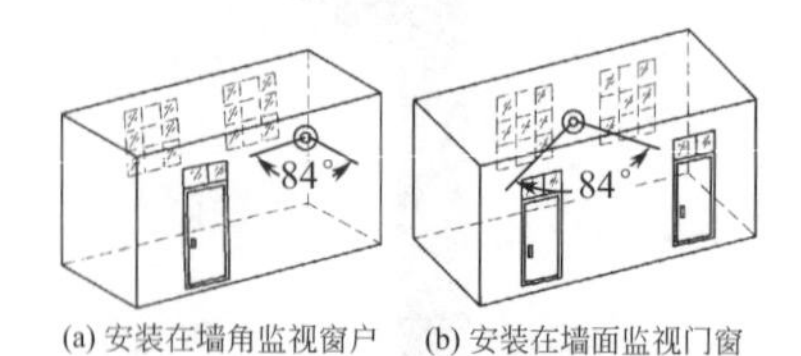

(a) 安装在墙角监视窗户　(b) 安装在墙面监视门窗

被动式红外探测器安装位置

2）安装方法

① 在高度为 2 ～ 2.5m 的地方，用膨胀夹将底座固定。

安装传感器底座

② 将探测器背部插口插入支架，拉出电源隔板。

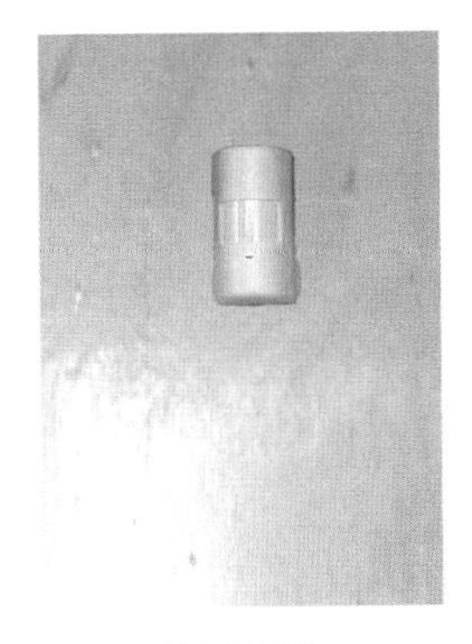

安装面盖

(6)双鉴探测报警器的安装

① 选择无障碍位置，打孔安装底板，注意底板仰角约45°左右，以便使两种探测器均能处于较灵敏的状态。

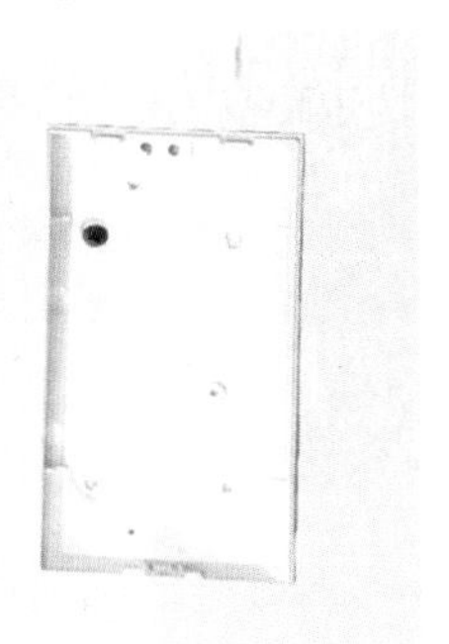

安装底板

1 2

3 4

② 将电路板安装在底板上，并按说明书正确接线

安装主板

③ 扣上面罩。

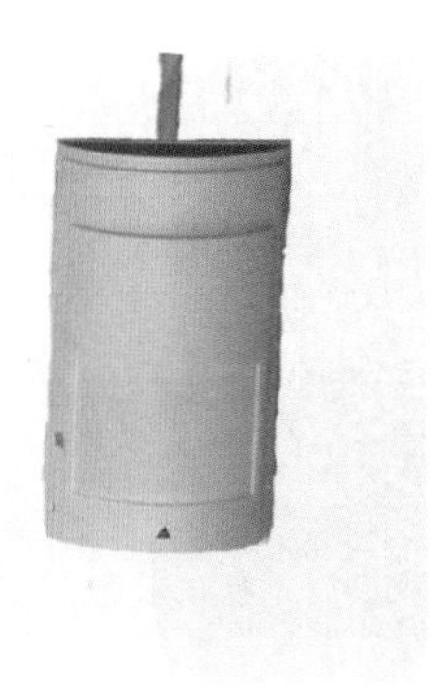

安装面罩

（7）气体报警器的安装

① 钢管支架安装时，探头应安装在接线盒上，沿墙（棚）卡箍安装，可直接固定在棚上。

探头安装

② 钢管过墙应预留孔洞，配管后用防火材料封堵。

过墙

③ 钢管进入槽板应使用挖孔器挖孔，不能使用气焊开孔。

进入槽板

④ 钢管过梁应使用角钢吊架。

吊装

⑤ 报警器与管连续安装，可使用软管连接。

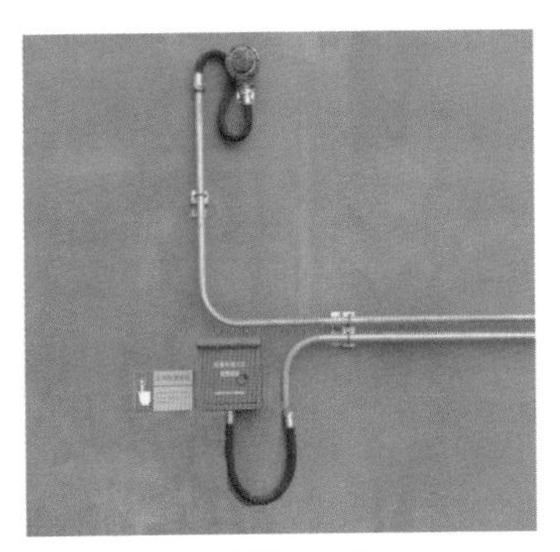

报警器安装

⑥ 报警器与管断续安装，管头使用防爆胶泥封堵。

报警器安装

1 2
3 4

4.3.2 门禁对讲系统安装

(1) 对讲门铃的安装

1）话机安装

① 塑料胀管明装高度1.3～1.5m。在门旁安装时穿线孔要加装保护管。

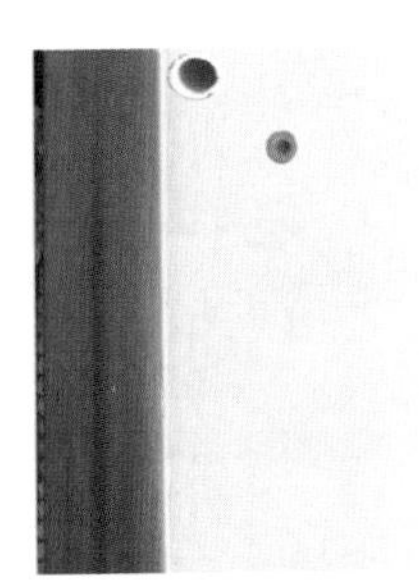

确定安装位置

② 明配线可以参照护套线配线方法进行，暗配线可以参照塑料管暗配线方法进行。

话机安装

2）室外机安装

① 将底板安装在塑料膨胀管或木榫上。门口安装完毕后，要有防雨水措施。

底座安装

② 将户外主机扣在底板上。

主机安装

1 2
3 4

（2）指纹机安装

① 电源线与信号线应同槽（或管）敷设，应符合设计图样的要求及有关标准和规范的规定。

线槽配线

② 在 1.3 ～ 1.5m 位置打孔放置膨胀夹。

钻孔

③ 将主机固定在膨胀夹上。

安装指纹机

④ 接通电源进行调试。

连接电源

1 2
3 4

(3) 楼宇对讲系统对讲机的安装

1）室外机安装

室外机采用暗装，预留孔洞明配线可以参照护套线配线方法进行，暗配线可以参照塑料管暗配线方法进行。

室外机安装

2）室内机安装

① 线头制作参照网线安装方法。

线头制作

② 对讲户内机明装时可用塑料胀管固定，暗装时直接固定在八角盒上。安装高度 1.3 ～ 1.5m。

底座安装

③ 将水晶头插入插口，安装面罩。

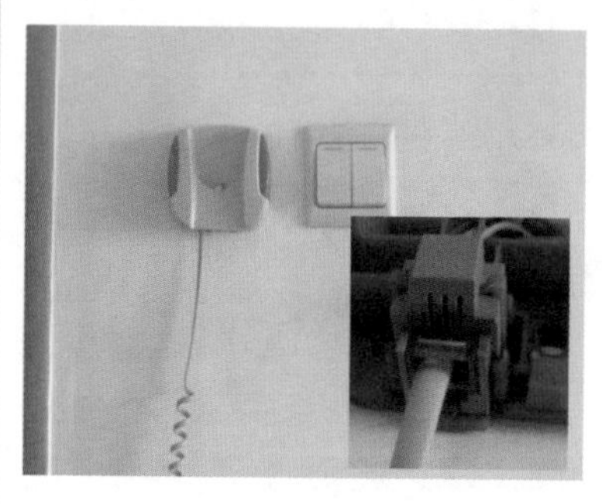

面盖安装

④ 插上话筒水晶头，楼下按下对应数字说话，楼上边能听到，按下开关，电子锁应动作。

调试

4.3.3 无线巡更保安系统安装

① 信息钮在墙上安装时可用膨胀夹固定。其高度离地面 1.3 ～ 1.5m 处。

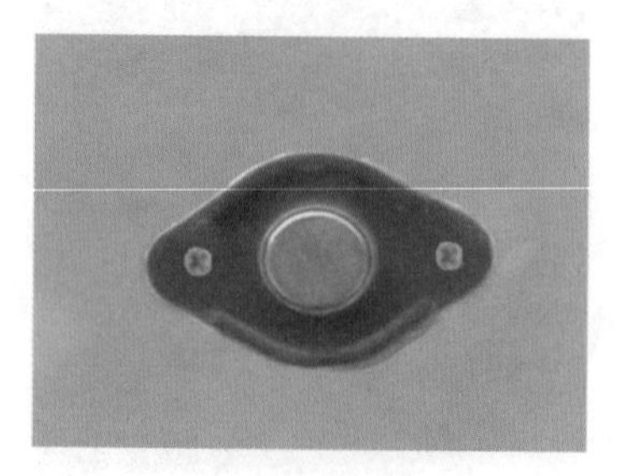

墙上胀夹安装

② 信息钮在重要设备上安装可用拉铆钉固定。安装应牢固、端正，户外应有防水措施。

配电箱拉铆钉安装

③ 用数据线连接电脑和传送单元。

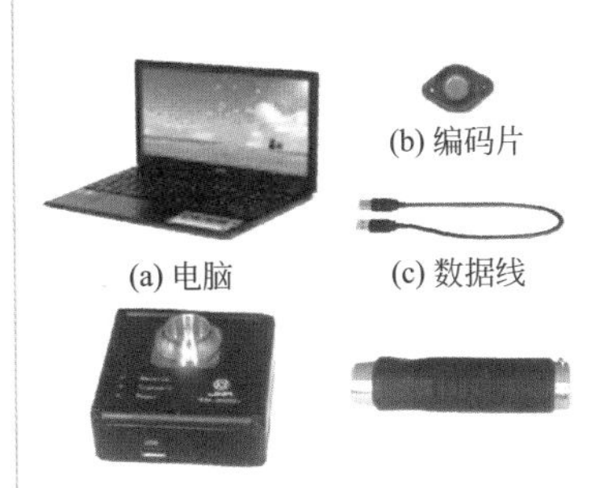

4.3.4 摄像头的安装

(1) 柱上安装

① 摄像头柱上安装可用使用膨胀螺栓固定云台。

柱上膨胀螺栓固定

② 轻型摄像头也可使用膨胀夹固定云台。

柱上膨胀夹固定

(2) 墙上安装

① 轻型摄像头可以使用膨胀夹直接固定。

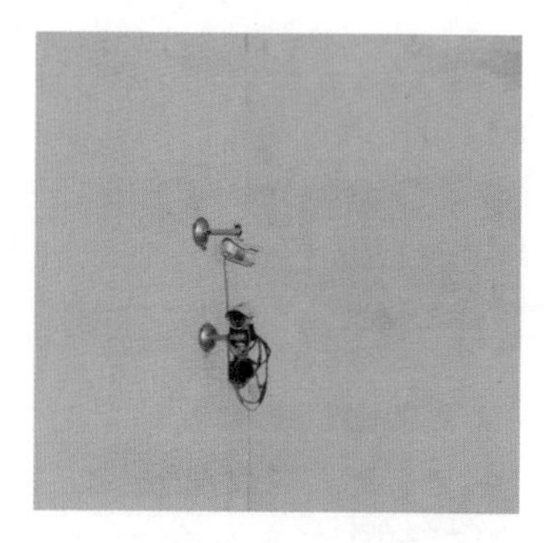

室外墙上膨胀夹固定

② 重型摄像头可以使用膨胀螺栓固定。

室外墙上膨胀螺栓固定

③ 室内墙上安装还可以使用木榫固定。

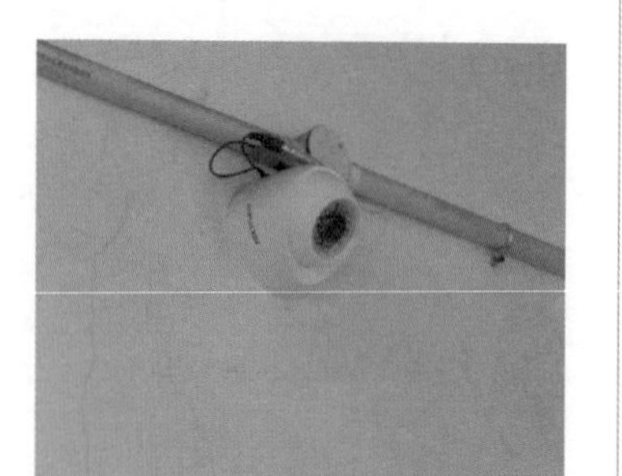

室内木榫固定

(3) 杆上安装

① 杆上支架安装应制作混凝土基础，云台直接固定在杆头上。

② 杆上吊装，应制作支架以固定云台。

1

2

(4) 屋顶安装

平屋顶安装可以用膨胀螺栓直接固定，斜屋顶安装应制作支架。

第5章

电气安全

5.1 安全用电常识

5.1.1 用电注意事项

(1) 不可用铁丝或铜丝代替保险丝

由于铁（铜）丝的熔点比保险丝高，当线路发生短路或超载时，铁（铜）丝不能熔断，失去对线路的保护作用。

不能铜丝代替保险丝

(2) 不要移动正处于工作状态的家电

洗衣机、电视机、电冰箱等家用电器，应在切断电源、拔掉插头的条件下搬动。

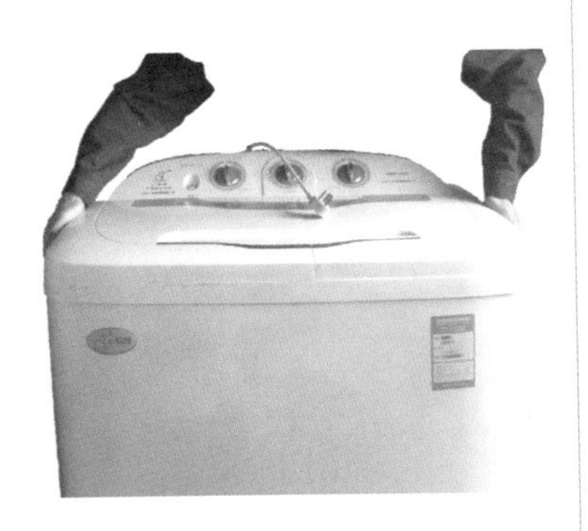

拔掉插头搬家电

(3) 接触家电手应干燥

平时应注意防止导线和电气设备受潮，不要用湿手摸灯泡、开关、插座以及其他家用电器的金属外壳，更不能用湿抹布去擦拭。

用干抹布擦灯泡

(4)晒衣服的铁丝不要靠近电线

以防铁丝与电线相碰。更不要在电线上晒衣服、挂东西。

电线附近晒衣服

(5)换灯泡应站在绝缘物上

更换灯泡时要切断电源，然后站在干燥木凳上进行。

站在木凳上换灯泡

(6)正确使用绝缘带

发现导线的金属外露时，应及时用带黏性的绝缘黑胶布加以包扎，但不可用医用自胶布代替电工用绝缘黑胶布。

严禁用医用胶布代替绝缘胶带

(7)插座接线正确

电源插座不允许安装得过低和安装在潮湿的地方，插座必须按“左零右火”接通电源。

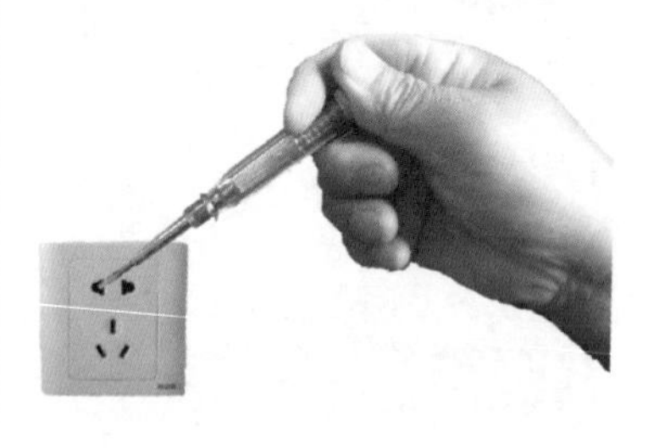

插座左火是错误的

（8）开关控制相线

照明等控制开关应接在相线（火线）上，而且灯座螺口必须接零线。严禁使用“一线一地”（即采用一根相线和大地做零线）的方法安装电灯、杀虫灯等，防止有人拔出零线造成触电。

灯座螺口接零

5.1.2 常见触电形式

（1）单相触电

变压器低压侧中性点直接接地系统，电流从一根相线经过电气设备、人体再经大地流回到中性点，这时加在人体的电压是相电压。其危险程度取决于人体与地面的接触电阻。

变压器低压侧中性点直接接地单相触电示意图

（2）两相触电

电流从一根相线经过人体流至另一根相线，在电流回路中只有人体电阻。在这种情况下，触电者即使穿上绝缘鞋或站在绝缘台上也起不了保护作用，所以两相触电是很危险的。

两相触电示意图

(3)跨步电压触电

如输电线断线，则电流经过接地体向大地作半环形流散，并在接地点周围地面产生一个相当大的电场，电场强度随离断线点距离的增加而减小。

距断线点1m范围内，约有60%的电压降；距断线点2～10m范围内，约有24%的电压降；距断线点11～20m范围内，约有8%的电压降。

跨步电压触电示意图

1
2

(4)雷电触电

雷电是自然界的一种放电现象，在本质上与一般电容器的放电现象相同，所不同的是作为雷电放电的两个极板大多是两块雷云，同时雷云之间的距离要比一般电容器极板间的距离大得多，通常可达数公里。因此可以说是一种特殊的“电容器”放电现象。除多数放电在雷云之间发生外，也有一小部分的放电发生在雷云和大地之间，即所谓落地雷。就雷电对设备和人身的危害来说，主要危险来自落地雷。

落地雷具有很大的破坏性，其电压可高达数百万到数千万伏，雷电流可高至几十千安，少数可高达数百千安。雷电的放电时间较短，大约只有50～100μs。雷电具有电流大，时间短、频率高、电压高的特点。

雷电触电示意图

5.1.3 脱离电源的方法和措施

（1）触电者触及低压带电设备

① 救护人员应设法迅速脱离电源，如拉开电源开关或刀开关。

拉开刀开关

② 拔除电源插头等。或使用干燥的绝缘工具、干燥的木棒、木板等不导电材料解脱触电者。

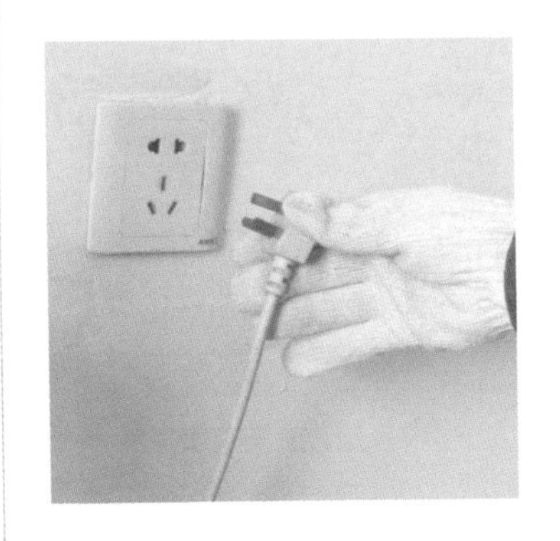

拔除电源插头

③ 救护人站在绝缘垫上或干木板上，抓住触电者干燥而不贴身的衣服，将其拖开。

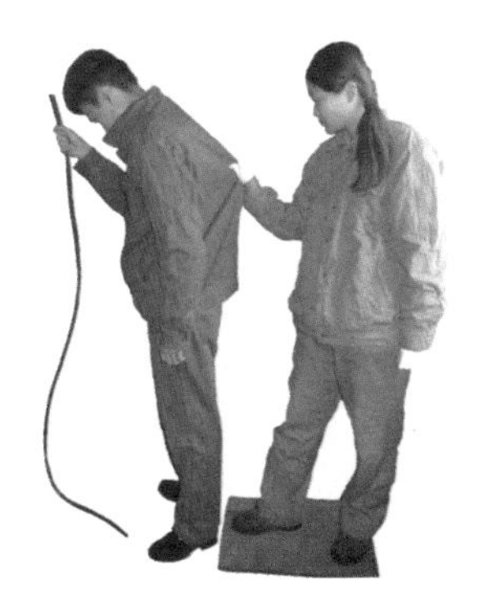

站在木板上拉开触电者示意图

（2）触电发生在架空杆塔上

① 如是低压带电线路，若可能立即切断线路电源的，应迅速切断电源，或由救护人员迅速登杆，用绝缘钳、干燥不导电物体将触电者拉离电源。

用木棒挑开电源示意图

② 如是高压带电线路又不可能迅速切断电源开关的，可采用抛挂临时金属短路线的方法，使电源开关跳闸。

找到断点抛挂短路线

5.2 触电救护方法

5.2.1 口对口（鼻）人工呼吸法步骤

（1）取出异物

触电者呼吸停止，重要的是确保气道通畅，如发现伤员口内有异物，可将其身体及头部同时偏转，并迅速用手指从口角处插入取出。

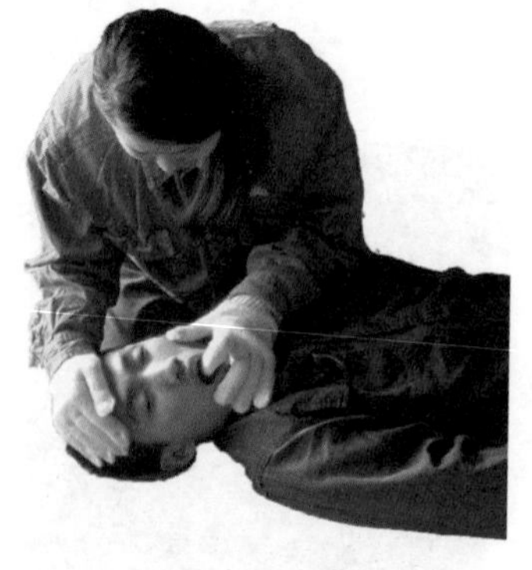

取出异物

（2）通畅气道

可采用仰头抬颏法，严禁用枕头或其他物品垫在伤员头下。

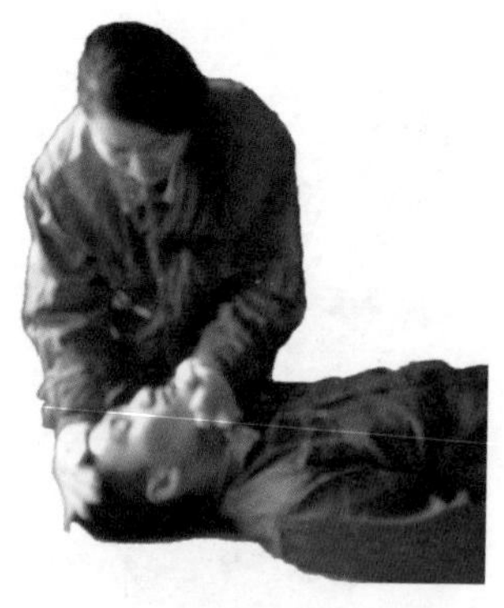

畅通气道

（3）捏鼻掰嘴

救护人用一只手捏紧触电人的鼻孔(不要漏气)，另一只手将触电人的下颏拉向前方，使嘴张开(嘴上可盖一块纱布或薄布)。

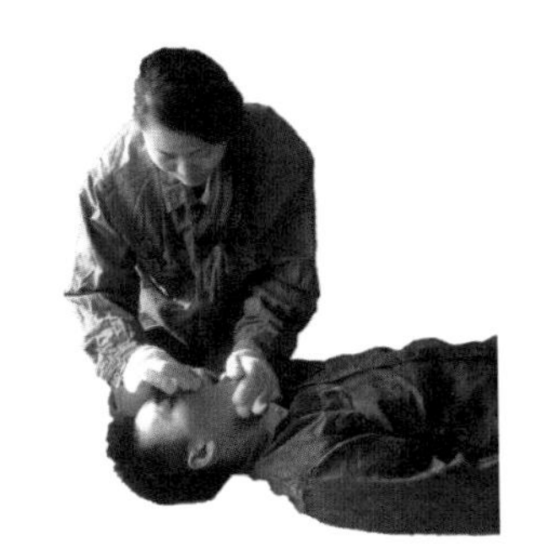

捏鼻掰嘴

1
2

（4）贴紧吹气

救护人做深呼吸后，紧贴触电人的嘴(不要漏气)吹气，先连续大口吹气两次，每次1～1.5s；如两次吸气后试测颈动脉仍无搏动，可判定心跳已经停止，要立即同时进行胸外按压。

贴紧吹气

(5)放松换气

救护人吹气完毕准备换气时，应立即离开触电人的嘴，并放松捏紧的鼻孔；除开始大口吹气两次外，正常口对（鼻）呼吸的吹气量不需过大，以免引起胃膨胀；吹气和放松时要注意伤员胸部应有起伏的呼吸动作。吹气时如有较大阻力，可能是头部后仰不够，应及时纠正。

按以上步骤连续不断地进行操作，每分钟约吹气12次，即每5s吹一次气，吹气约2s，呼气约3s，如果触电人的牙关紧闭，不易撬开，可捏紧鼻，向鼻孔吹气。

放松换气

5.2.2 胸外心脏按压法步骤

(1)找准正确压点

① 右手的中指沿触电者的右侧肋弓下缘向上，找到肋骨和胸骨接合处的中点。

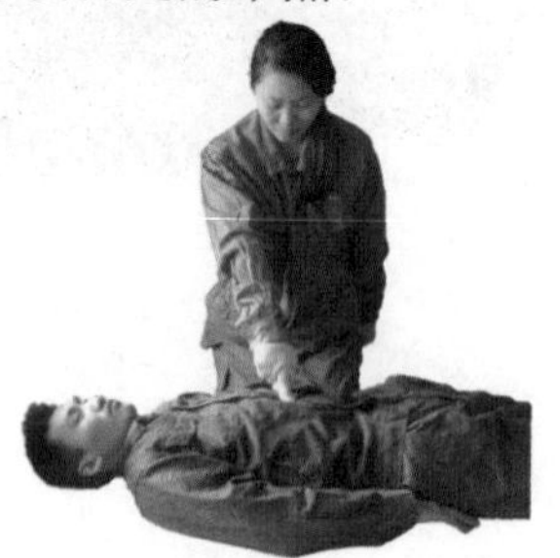

步骤1

② 两手指并齐，中指放在切迹中点（剑突底部）食指平放在胸骨下部。

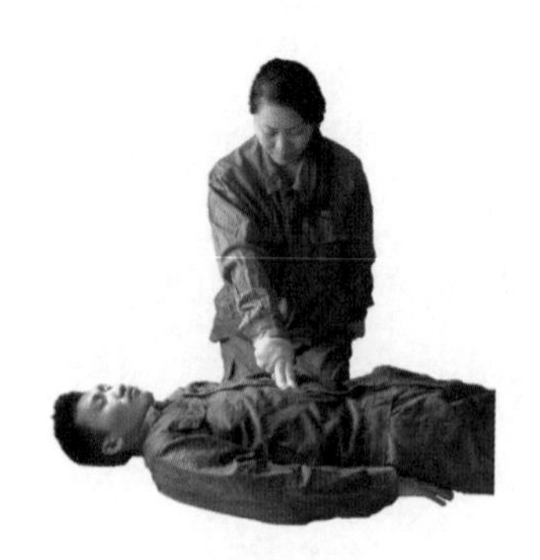

步骤2

③ 另一只手的掌根紧挨食指上缘置于胸骨上，即为正确的按压位置。

步骤3

(2) 正确的按压姿势

① 以髋关节为支点，利用上身的重量，垂直将正常成人胸骨压陷 3 ～ 5cm（儿童及瘦弱者酌减）。

② 按压至要求程度后，立即全部放松，但放松时救护人的掌根不得离开胸壁。

③ 其标志是按压过程中可以触及到颈动脉搏动为有效。

④ 胸外按压应以均匀速度进行，每分钟 80 次左右，每次按压与放松时间相等。

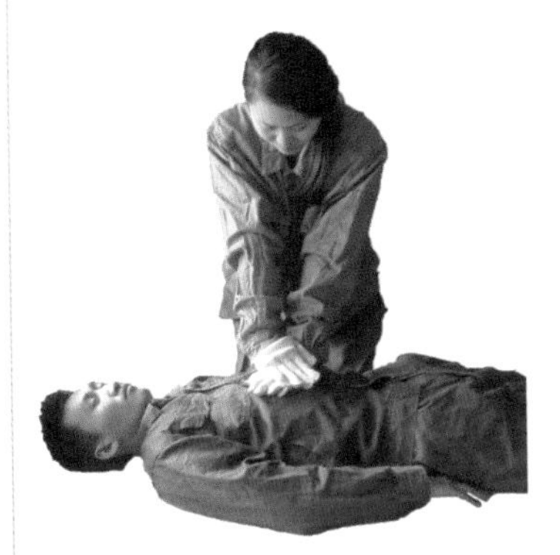

胸部按压法示意图

化学工业出版社电气类图书推荐

书号	书 名	开本	装订	定价/元
19148	电气工程师手册（供配电）	16	平装	198
21527	实用电工速查速算手册	大32	精装	178
21727	节约用电实用技术手册	大32	精装	148
20260	实用电子及晶闸管电路速查速算手册	大32	精装	98
22597	装修电工实用技术手册	大32	平装	88
18334	实用继电保护及二次回路速查速算手册	大32	精装	98
25618	实用变频器、软启动器及PLC实用技术手册(简装版)	大32	平装	39
19705	高压电工上岗应试读本	大32	平装	49
22417	低压电工上岗应试读本	大32	平装	49
20493	电工手册——基础卷	大32	平装	58
21160	电工手册——工矿用电卷	大32	平装	68
20720	电工手册——变压器卷	大32	平装	58
20984	电工手册——电动机卷	大32	平装	88
21416	电工手册——高低压电器卷	大32	平装	88
23123	电气二次回路识图（第二版）	B5	平装	48
22018	电子制作基础与实践	16	平装	46
22213	家电维修快捷入门	16	平装	49
20377	小家电维修快捷入门	16	平装	48
19710	电机修理计算与应用	大32	平装	68
20628	电气设备故障诊断与维修手册	16	精装	88
21760	电气工程制图与识图	16	平装	49
21875	西门子S7-300PLC编程入门及工程实践	16	平装	58
18786	让单片机更好玩：零基础学用51单片机	16	平装	88
21529	水电工问答	大32	平装	38

续表

书号	书名	开本	装订	定价/元
21544	农村电工问答	大32	平装	38
22241	装饰装修电工问答	大32	平装	36
21387	建筑电工问答	大32	平装	36
21928	电动机修理问答	大32	平装	39
21921	低压电工问答	大32	平装	38
21700	维修电工问答	大32	平装	48
22240	高压电工问答	大32	平装	48
12313	电厂实用技术读本系列——汽轮机运行及事故处理	16	平装	58
13552	电厂实用技术读本系列——电气运行及事故处理	16	平装	58
13781	电厂实用技术读本系列——化学运行及事故处理	16	平装	58
14428	电厂实用技术读本系列——热工仪表及自动控制系统	16	平装	48
17357	电厂实用技术读本系列——锅炉运行及事故处理	16	平装	59
14807	农村电工速查速算手册	大32	平装	49
14725	电气设备倒闸操作与事故处理700问	大32	平装	48
15374	柴油发电机组实用技术技能	16	平装	78
15431	中小型变压器使用与维护手册	B5	精装	88
16590	常用电气控制电路300例（第二版）	16	平装	48
15985	电力拖动自动控制系统	16	平装	39
15777	高低压电器维修技术手册	大32	精装	98
15836	实用输配电速查速算手册	大32	精装	58
16031	实用电动机速查速算手册	大32	精装	78
16346	实用高低压电器速查速算手册	大32	精装	68

续表

书号	书 名	开本	装订	定价/元
16450	实用变压器速查速算手册	大32	精装	58
16883	实用电工材料速查手册	大32	精装	78
17228	实用水泵、风机和起重机速查速算手册	大32	精装	58
18545	图表轻松学电工丛书——电工基本技能	16	平装	49
18200	图表轻松学电工丛书——变压器使用与维修	16	平装	48
18052	图表轻松学电工丛书——电动机使用与维修	16	平装	48
18198	图表轻松学电工丛书——低压电器使用与维护	16	平装	48
18943	电气安全技术及事故案例分析	大32	平装	58
18450	电动机控制电路识图一看就懂	16	平装	59
16151	实用电工技术问答详解（上册）	大32	平装	58
16802	实用电工技术问答详解（下册）	大32	平装	48
17469	学会电工技术就这么容易	大32	平装	29
17468	学会电工识图就这么容易	大32	平装	29
15314	维修电工操作技能手册	大32	平装	49
17706	维修电工技师手册	大32	平装	58
16804	低压电器与电气控制技术问答	大32	平装	39
20806	电机与变压器维修技术问答	大32	平装	39
19801	图解家装电工技能100例	16	平装	39
19532	图解维修电工技能100例	16	平装	48
20463	图解电工安装技能100例	16	平装	48
20970	图解水电工技能100例	16	平装	48
20024	电机绕组布线接线彩色图册（第二版）	大32	平装	68
20239	电气设备选择与计算实例	16	平装	48

续表

书号	书 名	开本	装订	定价/元
21702	变压器维修技术	16	平装	49
21824	太阳能光伏发电系统及其应用(第二版)	16	平装	58
23556	怎样看懂电气图	16	平装	39
23328	电工必备数据大全	16	平装	78
23469	电工控制电路图集（精华本）	16	平装	88
24169	电子电路图集（精华本）	16	平装	88
24306	电工工长手册	16	平装	68
23324	内燃发电机组技术手册	16	平装	188

以上图书由化学工业出版社 电气出版分社出版。如要以上图书的内容简介和详细目录，或者更多的专业图书信息，请登录www.cip.com.cn。

地址：北京市东城区青年湖南街13号（100011）

购书咨询：010-64518888

如要出版新著，请与编辑联系。

编辑电话：010-64519265

投稿邮箱：gmr9825@163.com